走出人格陷阱

武志红
经典代表作

北京联合出版公司
Beijing United Publishing Co.,Ltd.

图书在版编目（ＣＩＰ）数据

走出人格陷阱 / 武志红著 . -- 北京：北京联合出
版公司 , 2020.2
　　ISBN 978-7-5596-3876-2

　　Ⅰ . ①走… Ⅱ . ①武… Ⅲ . ①人生哲学—通俗读物
Ⅳ . ① B821-49

　　中国版本图书馆 CIP 数据核字 (2019) 第 295999 号

走出人格陷阱

著　　者：武志红
选题策划：北京磨铁图书有限公司
责任编辑：郑晓斌　徐　樟
封面设计：唐旭 & 谢丽
内文排版：刘龄蔓

北京联合出版公司出版
（北京市西城区德外大街 83 号楼 9 层　100088）
河北鹏润印刷有限公司印刷　新华书店经销
字数 171 千字　　880 毫米 ×1360 毫米　1/32　9 印张
2020 年 2 月第 1 版　2020 年 2 月第 1 次印刷
ISBN 978-7-5596-3876-2
定价：49.80 元

走出人格陷阱

"人都在追求卓越。"

这句话，你赞同吗？特别是，你觉得自己在追求卓越吗？

相信问这个问题时，多数人会觉得：嗯，是啊，应该是这样。

我也真的很渴望卓越和强大。毕竟，卓越和强大没什么错啊。我强大了，还可以去帮别人啊！

但其实，无数人的人格有各种陷阱，这些陷阱约束着他们追求卓越和强大。

精神分析认为，专门有一类自我防御机制，叫"自我功能的抑制"，说白了就是对能力的各种抑制。

我在自我观察和接受被分析时，发现了自己的一大堆自我抑制：

一、对金钱欲的抑制

现在好了一些，以前，每当挣到一笔非工资的额外收入时，我就会出点儿小事，例如丢银行卡。

最经典的，是和"得到"签课程合同前，我看错了航班的时间，结果不能顺利抵达北京。

在开公司的过程中，我发现自己也做了一堆莫名其妙的事，都是在破坏一点——我太有钱了。这个话题太大，以后我会专门来讲。

二、对数学能力的抑制

在上小学和初中时，我都有数学"开挂"的时候，但高中数学学得很辛苦。并且，虽然高考时数学考了近乎满分，大学数学却学得一团糟。

多年来，我常做的一类噩梦，就是又回到高中和大学，要考数学了，而我什么都不会。醒来时想到，我高考时数学好赖考了那么高的分啊。可有意思的是，关于考试的噩梦，在我写了一本自己满意的书后，竟然彻底结束了，再也没做过。

前不久，我做了一个很有意思的梦，可以解释我上大学后，为什么数学能力变差了。

在这个梦中，高中毕业后，我把一部超级计算机藏了起来。

在和我的精神分析师讨论这个梦时，我的理解是，因为考上了北京大学，可以预料我将有不错的前程，但好像是惧怕太成功，惧怕"算计"，于是把这部分能力给隐藏了。

当然，这里面主要的意思是"算计"，即利用我的数学能力，为自己谋利益。

三、对运动能力的抑制

我哥哥的运动能力很强，例如跑步什么的，成绩都很好。而我上初中和高中时，体育成绩都是班里倒数第二名，几乎各个体育项目都得补考。

从大学起，有很多次想通过健身来提高身体素质，但最后好像都没起到什么作用，只是健康了一点点。直到最近，我才体验到持续健身能非常有效地提高身体素质。

四、对欲望的抑制

这是最普遍的了。我多次做扫描身体的练习，进入状态后，当身心涌起强烈的欲望时，会发现我抑制得很强烈。例如，有一次直接看到一个画面——我的肠子裂开了。

童年时，物质很匮乏，会让一个人觉得他的正常需求都是贪婪。——这是我发在微博上的一句话，在我这里真是再明显不过的证明。

儿时的贫穷，加上更严重的事情——妈妈在生养我的时候有严重抑郁症，这些都导致了这种感知。而转化它也真是不易，不过，这个过程充满了意义和乐趣。

如果没有这些自我功能的抑制，我这辈子，应该会在很多方面

"开挂"吧。

可能在很多朋友看来，我这一生已经算是"开挂"了。但这只是在认识人性这一点上的，其他一切都是这一点的副产品。如果说全方位"开挂"，这实在是差得太远太远了。

要认识人格和人格陷阱，得明白这一点：人格就像是一个容器，容器能够容纳的能量是基本固定的。当能量不够的时候，你的人格会帮助你积攒能量，但当能量太多时，这个容器容纳不了，会想办法浪费掉一些能量，或者干脆阻碍、破坏你积攒能量，以保持容器的稳定。

还可以这样理解：人格投射到生活中，就构成了你的生活习惯。

大多数人的生活习惯构成了一个循环系统，这个系统不仅有能量的摄入，还会想办法去消耗或者"杀掉"多余的能量。

必须用"杀掉"这个词，才能表达这个意思。

生活习惯构成的循环系统，和人格水平是连在一起的，人格水平能容纳自己习惯的（与自己匹配的）能量水平。如果能量太多，释放不掉，又不能"升华"，就会指向自己不习惯（与自己不匹配）的目标，这会引起极大的焦虑。

当多余的能量被"杀掉"后，这份焦虑才会慢慢消失。

所以，人需要浪费时间、浪费能量、浪费生命，不然，也许人人都能"开挂"。

人生是一条漫漫长路，需要坚韧的人格。

对这一点领会越深，人就会越早明白，外在条件固然吸引人，但人格才是核心竞争力。

当你遇到各种挑战时，假若人格强度太差，外在条件就很容易打水漂，意义不大，甚至会成为毒药。

例如，那些中彩票大奖的人，据说九成都没好下场。因为，突然有了巨大的财富，自己不知道怎么支配，周围的人都虎视眈眈，各种羡慕嫉妒恨。

财富带来了祝福和诅咒，需要强大的人格作为一个结实的容器，才能兜住巨大的财富，最终容纳它，让它成为祝福。

美貌也是。美貌实在太迷人了，越是不美的人，越容易这么认为吧。但我们渐渐会明白，美貌远远比不过坚韧、强大的人格。

"坚韧"和"强大"这些词，也太讲究力量了。其实，同时还有一个人在关系维度上的品质。听了无数故事后会深深相信，情感的品质才是心灵的良药。所以，能构建高品质情感的人，即便人格不够坚韧、强大，也极为宝贵。

如果两个人只是帅哥和美女，但他们既缺乏坚韧、强大的力量，又缺乏高品质的情感力，那也就是年轻时过得得意一些，甚至辉煌一下，然后很快就会陷入各种应接不暇的困境中。他们可能很轻易遇到各种"好牌"，但他们会很容易打得稀烂，陷入陷阱中。

必须要打得稀烂，必须要浪费掉这些好资源，不然，自己人格的容器，兜不住。

总结为一句话就是：漫漫人生长路上，人格才是核心竞争力。愿这本书能帮助你认识人格的魅力与陷阱，从而不断完善你的人格。

目录

Part 1

心灵成长的六个定律

Part 2

人的命运为什么会轮回

Part 3

让感觉在你心中开花、结果

Part 4

七个心理寓言

Part 5

心灵成长书吧

Part 6

父母是孩子的头号考官

1

心灵成长的六个定律

......

这是关于心灵成长最基本的知识。

如果我们的成长环境明显违背了这些定律，我们的心灵就会受伤，我们的生命感觉就会破碎。

定律一：成为自己

　　不断收到读者来信，问什么是"内在的父母"与"内在的小孩"。同时，也有人问一些关于心灵成长的最基本的知识。

　　在思考怎么回答他们的问题时，我梳理出了关于心灵成长的六条定律。

　　与定律相对应的是破碎。所谓"破碎"，意思就是，如果我们的成长环境明显违背了这些定律，我们的心灵就会受伤，我们的生命感觉就会破碎。

　　我们生命的根本动力是成为自己。

　　美国人本主义心理学的代表人物马斯洛称，人有五个层次的心理需要：饮食与性的生理需要、安全需要、归属需要、自尊需要、自我实现的需要。如果按照另一位人本主义心理学的代表人物罗杰斯的话来说，所谓"自我实现的需要"，也就是成为自己。

什么是自己，我们又怎样成为自己？

罗杰斯认为，所谓"自己"，就是一个人过去所有生命体验的总和。假若这些生命体验我们是被动参与的，或者说是别人意志的结果，那么我们会感觉我们没有在做自己。相反，假若这些生命体验我们是主动参与的，是我们自己选择的结果，那么不管生命体验是快乐或忧伤，我们都会感觉是在做自己。

是不是在做自己，这一点极为关键。

如果我们感觉不是在做自己，那么不管别人的意志看似多么伟大或美好，我们都会感觉很不舒服，并会做一些看似莫名其妙的事情。看上去，这些事情像是自毁或伤害别人，其实我们不过是在用这些事情来唤醒自己的意志。

譬如，美国明星"小甜甜"布兰妮·斯皮尔斯在演唱事业上获得了极大成功，但是这样的成功不是她意志的胜利，而是她妈妈林恩意志的胜利。从布兰妮两三岁开始，她妈妈就一直带着她转战美国各地，用尽各种办法为她谋取演唱的空间。为此，她没有了童年，只在13至15岁期间过了两年普通女孩的生活，还有了初恋男友。但是，林恩为了在女儿身上实现自己的野心，迫使这个男孩离开了布兰妮。这只是布兰妮母女关系的一个缩影，其实布兰妮的妈妈在各个方面都想操控女儿。

布兰妮在精神近乎崩溃的时候，在一家疗养中心不断地对别人说：

"我是骗子！我是冒牌货！"

这句话的意思其实很简单，就是：你们在我身上看到的所谓"成功"不是我的，而是我妈妈的，她通过我的身体实现了她的梦想。这看似很好，但布兰妮的意志被剥夺了，她没有成为自己，只是妈妈的"自己"的延伸。

类似的例子还有迈克尔·杰克逊。他的名声、才华和影响力都胜过布兰妮，但是他开始的成就也是他父亲粗暴塑造方式的结果。并且，和布兰妮一样，他在一次接受采访时对记者说，他的童年被剥夺了，这是令他最耿耿于怀的事情。

后来，杰克逊对小男孩极其痴迷。这一点都不难理解，他迷恋小男孩，是因为他自己不曾做过真正的小男孩。他和那些小男孩在一起，就好像得到了自己已经逝去的童年似的。

在爸爸粗暴的意志控制下，杰克逊失去了童年，但他自己的意志是渴望拥有一个快乐的童年。于是，他迷恋男童。只是，当他把自己的渴望强加在那些被他迷恋的小男孩身上时，他也是在将自己的意志强加于他们身上，剥夺了这些小男孩做自己的机会。

定律一的破碎：我们被选择、被决定

人本主义心理学将自我实现视为最高价值，而存在主义哲学将"选择"视为最主要的命题。

用最通俗的话来说，存在与选择的关系就是，你选择，你才存在过。如果你总是被选择，那么你就不曾活过。问题是，太多的人喜欢把自己的意志强加在别人身上。甚至，一个哲学家称，一个生命的过程，就是不断与别人的个人意志较量的过程。别人会将自己的意志强加给我们，我们同样也会这样做。

这样做的时候，我们有很多名堂，最简单的说法是：我这样做，是为了你好。

对此，著名哲学家马丁·布伯称，一旦你将对方视为实现你目标的对象和工具，那么，不管你的目标看似多么伟大，你都对那个人造成了伤害。著名的寓言小说《盔甲骑士》中，骑士对导师梅林说，他爱妻子和儿子，但梅林反问他："你有没有把需要当作爱？"骑士恍然大悟，他需要去"爱"妻子和儿子，不管妻子和儿子需不需要，他都要去"爱"他们。其实，妻子和儿子只是骑士爱的对象和工具而已。或者说，骑士只是想将自己的意志强加在妻子和儿子身上罢了。难怪妻子和儿子对他的爱都没什么回应，因为这种爱其实是伤害。

自己为自己的人生做决定，自己把握自己的命运，听上去很动听，有一些伟大的味道，然而，这样做的另一面，意味着你必须为你的决定负责。如果选择错了，你受伤了，不要怨天尤人，不要把责任推卸到别人身上。很多人惧怕这一点，所以宁愿放弃自己的意志，宁愿让别人来做决定。

由此，他们阻断了自我实现之路。

定律二：我们天然就有一个精神胚胎

在自我实现的道路上，我们最容易遭遇的第一个挫折，大多来自父母等重要的亲人，父母最容易以爱的名义将自己的意志强加在孩子的身上。当他们这样做的时候，就压制了孩子成为自己的努力。

父母之所以喜欢这样做，常常是因为抱有一个传统的观点——孩子是一张白纸。按照这个观点，孩子被认为一开始什么都没有，就是纯粹的空白，我们怎么塑造、怎么教育，孩子就会成长为什么样子。

意大利教育学家蒙台梭利反对这一看法，她认为，孩子绝不是一张白纸，相反，孩子一开始就有一个精神胚胎，这个精神胚胎中藏有心灵成长的密码。并且，孩子只有通过自己的行动、感受和思考，才能解开这个密码。因为，那些敏感期只有一个大概的规律，我们无法找到一个精确的时间表，也就无法主动地操控，只能通过孩子的自发行为去发现他目前正处于什么敏感期。

很多幼儿教育学家支持蒙台梭利的这一说法，他们通过观察发现，孩子六岁前有许多心灵发育的敏感期，譬如追求完美、热爱音乐或数学等。处于特定敏感期的孩子会对某些特定的事情有着匪夷所思的执着，他们会不厌其烦地、自发地重复去做这些事。如果这些事在敏感期内得到了充分操作和训练，这个孩子的特定能力就会得到充分发展。如果错过了这个敏感期，这一特定能力就会遭到难以逆转的损害，以后要花极大的力气才能部分弥补。

蒙台梭利认为，这就是精神胚胎指引的结果。源自精神胚胎的声音告诉孩子，他需要做什么。从这一角度而言，孩子的每个自发的行为，其实都反映了精神胚胎成长的需要，都有其独特的价值。

按照这一观点，罗杰斯的"成为自己"的"自己"并不纯粹是一个人的生命体验的总和。因为按照罗杰斯的这一观点，自己一开始好像是空的，而按照蒙台梭利的观点，我们一开始就不是空的，而是有一个无比重要的精神胚胎。

更关键的是，六岁前的经历决定了精神胚胎的发育程度。仿佛是，精神胚胎在六岁前就基本发育成形了。假若在六岁前，父母一直忙于用自己的意志塑造孩子，那么，孩子的精神胚胎就没有发育的机会。于是，这个孩子就会出现种种问题。

国内知名的幼儿教育专家孙瑞雪女士说，一个精神胚胎得到良好发育的孩子，会有极好的感受能力。他充分信任自己的感觉，对任何事情都要寻求自己的判断和理解。最终，他将成为一个极具独立判断能力和丰富创造力的人。

定律二的破碎：精神胚胎被压制

按照蒙台梭利的观点，孩子的自由探索非常重要，因为这是精神胚胎得以发育的唯一途径。然而，因为不理解孩子的行为，大人很容易从自己的角度出发，强迫孩子接受大人的意志，控制并压制孩子的选择空间。由此，破碎很容易产生。

　　孙瑞雪称，按照她的观察，所谓的"多动症"，其实大多数是孩子的精神胚胎被严重压制的结果。患有多动症的孩子，他的重要抚养者中一定有人多次对他说过："你不能这样做，也不能那样做，你必须听我的。"于是，这个孩子的许多源自精神胚胎的自发行为都被打断了，他错过了一个又一个敏感期。但是，源自精神胚胎的那些需要还是要表达自己的声音。假若100个敏感期的需要都被压制了，那么这100个需要都渴望表达，甚至是同一时间表达。于是，一个多动症的孩子给人的印象是，他好像在同一时间渴望做许多件事情，但因为渴望太多了，他也不知道做什么好，于是什么都要做一点。

　　大人是怎样压制孩子自发的需要的，可以举一个最简单的例子来说明。一个三岁左右的孩子，会拒绝接受一小块饼，他一定要一个完整的。对于这种行为，大人会说：这个孩子怎么这么不懂事，不知道节约。其实，孩子这样做，是因为他正处于追求完美的敏感期。一整张饼如果是完美的，就会满足他精神胚胎发育的需要。而一块饼如果是破损的，就会让这个正追求完美的孩子感到不舒服。其实，他并不是贪婪，假若你给他一块虽然很小但完整的饼，他一样会心满意足。

　　所以，不要急着去评判孩子并塑造孩子，更不要急着把你的观念强加给孩子。譬如，节俭不节俭这样的词语，是不适合用来衡量一个三岁的孩子的。你可以强行把一个三岁的孩子塑造成看似节俭的孩子，但这个孩子因而就失去了对完美的感受、渴望和追求。

定律三：关系胜于一切

情商比智商重要，这一点已成公论。那么，情商是什么？

其实，情商就是性格，就是人格。而人格就是我们的内在关系模式。从这一点而言，父母不必太忙于给孩子灌输知识，因为他们与孩子的关系，实际上远比这些知识重要。

假若父母能给孩子提供一种和谐的关系，那么，孩子的精神胚胎就会在这种关系中自由而安全地得到最大限度的成长。

所以，父母应切记，他们与孩子的关系才是压倒性的关键所在，至于他们想给孩子灌输的知识，其实是配角，有时甚至是反派。

新精神分析流派、现代客体关系心理学认为，我们每个人都有一个内在关系模式，这个关系模式决定了我们与其他人、与社会、与世界，乃至与自己的相处方式。

这个内在关系模式，用客体关系理论解释起来会比较复杂，但可以简单而形象地解释为"内在的父母"和"内在的小孩"的关系。

这个内在关系模式也是在孩子六岁前基本建立的。所谓"内在的小孩"，其实就是孩子自己一方角色的内化。所谓"内在的父母"，则是父母一方角色的内化。内在关系模式，基本也是孩子童年时与父母等重要亲人现实关系的内化。

给予孩子爱，也要给予自由

由此可以看到，父母与孩子童年时的关系模式无比重要。衡量这个关系模式的质量有两点：爱和自由。

通过对定律一和定律二的探讨，我们已经知道，自由对孩子而言非常重要。因为自由意味着孩子的精神胚胎可以充分地获得发育，自由也意味着这个孩子的意志得到了尊重，他被允许并被鼓励走向自我实现，自己为自己的人生做选择。

这听起来有点儿抽象，但做起来并不难，就是在孩子开始进行自我探索的时候，不要常替他完成，更不要经常限制他。譬如，当一个还不会走路的小家伙辛苦地爬向十米外的一个玩具时，大人不要因为觉得他很辛苦，就把那个玩具替他拿过来，更不要把他抱起来，带他去拿一个大人认为更好的玩具。

与给予孩子自由同等重要的是爱。

爱是什么？按照罗杰斯的定义，爱是深深的理解和接受。那么，相反，假若我们做不到对孩子的理解和接受，而急于将自己的意志强加在孩子身上，这就不是爱。

我们很容易急于给孩子建议和命令，这是因为，给建议和命令远比理解容易。实际上，无数父母感受到，理解孩子太难了。譬如，有多少父母能理解一个三岁的孩子为什么非得要一张完整的大饼？

理解了，才能做到接受。谈到接受，罗杰斯认为，只有无条件地接受，才能令一个孩子感受到被爱。然而，无数父母对孩子的爱都是有条件的——"你必须做到什么，我才爱你"。

当父母这样做的时候，孩子就会把注意力从内部转化到外部。原来，他是因为精神胚胎的召唤才会爬十米远去拿一个玩具的。但现在，他不去拿那个玩具，是因为他知道，那样做会令父母不高兴。这样一来，这个孩子就会失去对事情本身的原动力，一切行为都以获得父母的关注和认可为目标。于是，他现在很容易被父母控制。等他长大了，就很容易被其他人控制。

内心和谐，才有爱的能力

按照客体关系理论，关系的两极——"内在的父母"和"内在的小孩"同等重要。假若关系中的一极过分强大，而另一极过分虚弱，那么这个孩子一定会出现严重的心理问题。

若父母溺爱孩子，那么这个内在关系中，"内在的父母"就会过于虚弱，而"内在的小孩"会过分强大。现实生活中，溺爱孩子的父母是为了孩子而存在的。内在关系中，"内在的父母"就会沦为"内在的小孩"实现自己欲望或目标的工具和对象。简而言之，这个孩子的心中只有自己，而没有别人。

可想而知，正常人不会乐意和一个在溺爱中长大的人建立关系，因为这个人只知索取，而不知回报。即便他意识到这样做不好而想改变，改变也很艰难，因为内在关系模式一旦建立，再想"动大手术"是很难的。

因痴迷刘德华而闻名的杨丽娟就是这样的例子。她的父母溺爱她，结果导致她的"内在的父母"一极非常虚弱，而"内在的小孩"一极非常强大。于是，她在父母和媒体面前都像是一个只知索取的孩子，她甚至对父亲的死缺乏正常人应有的哀伤。这不难理解，因为她有这样的内在关系模式，就会严重缺乏爱的能力。

爱，是我们用得最多的字之一，但什么是爱呢？爱就是自爱和爱别人。

按照客体关系理论，会爱的人得有一个平衡的内在关系模式。"内在的父母"爱"内在的小孩"，于是这个人就懂得了自爱；"内在的小孩"爱"内在的父母"，于是这个人就懂得了爱别人。

杨丽娟的内在关系严重失衡，只有"内在的父母"爱"内在的小孩"，而没有"内在的小孩"尊重"内在的父母"，所以她也就没有爱父母和爱别人的能力。

相对地，杨丽娟的父亲杨勤冀的内在关系模式可能恰恰相反，是"内在的父母"极其强大，而"内在的小孩"却被严重忽视，总之也是严重失衡的。于是，他成了一个能爱别人但不能自爱的人。这个逻辑发展到极点，就是他为了满足女儿的不合理要求而牺牲了自己的一切。

我们常讲关系的互补性，其实，这种互补性常隐藏着很大的问题，因为所谓的"关系互补性"，常常是两个失衡的关系的相互弥补。譬如，杨丽娟和父亲的关系就是互补的，杨勤冀的"内在的父母"过于强大，而杨丽娟的"内在的小孩"过于强大。这样的两个人在一起，他们的关系反而是比较和谐的。但是，他们两个人与正常人都无法相处，因为正常人既受不了杨丽娟的只知道索取，又受不了杨勤冀的从不肯索取。

孩子忍受不了分分合合

内在关系模式的稳定性也非常重要。一些父母既能给孩子无条件的爱，又能尊重孩子的独立空间。他们本来就是优秀的父母，然而，因为一些现实的局限，或一些错误的观念，当孩子幼小时，他们不断与孩子分分合合，最终令孩子的内在关系模式极不稳定，而这个孩子也因此成为一个无法与别人建立稳定关系的人。

一位男士，无法与别人建立良好的亲密关系，既没有知己朋友，又没有恋人。他回忆自己的童年，似乎一直是与父母居住在一起的，且父母一直既爱他又从不过分干涉他的自由。

后来，在心理医生面前，他说他脑子里经常有一个画面：他从一辆轿车中奔入另一辆轿车中。这个画面一出现，他就会忍不住地忧伤。

经过自由联想，答案映现了出来。原来，他的父母事业都非常成功，并且他的亲戚也多是成功人士。他出生后，父母谁都不能天天守护他，又不愿意请保姆照料他，于是想了这样一个办法：谁有时间，谁就照顾他；当他们都没有时间时，就把他转给亲戚。因为他们家族普遍有钱，大家都有轿车，所以他小时候经常被亲戚从一辆轿车里转到另一辆轿车里。亲戚们对他都很好，但是，一个幼小的孩子是无法承受不断地分分合合的，因为每次离别给他带来的都是伤痛。因为这些分分合合，他小时候其实不敢与别人建立亲密关系，因为每次都是刚建立没多久就又断裂了，这对一个三岁前的孩子而言是难以忍受的伤痛。

有时，我们还会看到这样的现象：孩子出生后，年轻的父母太忙了，于是把孩子交给老人带；时间宽松了，再把孩子接来与自己团聚，忙了，就再送走。这样会对孩子造成难以逆转的伤害，总是经历分分合合的孩子，长大后在对人的信任度上势必会出现问题。

定律三的破碎：关系最容易伤人

我们最重要的生命诉求是成为自己，而最容易对这一根本性的生命诉求造成阻碍的，就是关系，尤其是童年时与父母等重要亲人的关系。

通过上面的描述，我们看到，父母与孩子形成良好关系需要太多的因素：

第一，要有爱。没有爱，一个孩子可能根本就无法长大，他甚至都不会有活下去的愿望。一些残酷的研究发现，如果没有皮肤的接触，婴儿的夭折率高得可怕。即便生存下来，他们的智商和情商也会处于很低的水平。

第二，要有自由。没有自由，一个孩子就会成为抚养者意志的延伸，他会觉得自己好像不是自己。

第三，关系要平衡。我们常喊"一切为了孩子"这样的口号，其实这样的口号是极其糟糕的。假若我们真这么做了，那么所有孩子的内在关系模式都将是只有自己而没有别人，他们都将丧失爱的能力。真正好的关系模式是，父母自爱，同时爱孩子，于是也教给孩子自爱并爱别人。

第四，关系要稳定。即使在爱情中，不稳定的关系也会给一个成年人造成极大的伤害。童年时，亲子关系不稳定，对孩子的伤害会更大。

这四个条件缺少任何一个，孩子都会受伤，就难以在内心中建立起一个好的内在关系模式，他的人格就会存在一些缺憾，他的心灵成长就会出现一些问题。

什么是存在？

"存在主义"这个词已广为人知，然而，什么是存在？

作为一个人，体验和感觉就证明着他的存在。

所以，一个感觉丰沛、体验丰沛的人，是存在过的。

要有丰沛的感觉和体验，就要勇于投入生活的洪流，就要为自己的人生做选择。这样，你才能有丰沛的感觉和体验，你才能体会到自己的存在。

相反，假若一直是别人为你做选择，你就没有存在过。

所以，在《1984》中，掌握着主人公生死大权的奥勃良对被掌握者说："你不存在！"

所以，一个总被父母安排一切的孩子说，他觉得好像自己没有活着，他甚至走路时都感受不到自己的双脚，所以经常摔跤。

存在与不存在，并不是一个简单的哲学命题，而是实实在在影响我们生活的人生命题。很多时候，因为选择了还要负责，这很沉重，所以我们主动不想存在。

譬如，即使遇到了很简单的问题，仍有很多读者给我写信说："请问，我该怎么办？"

我不能告诉你该怎么办。

假若我这么做了，既剥夺了你选择的机会，也侵害了你的存在。

我为你做选择时，我存在，但你不存在。

偶尔懒一下，让别人替自己做选择，这是比较惬意的。然而，一旦成为一贯的模式，再想赢回自己的存在权就很难了。

譬如，当纳粹德国将所有人的选择权交给希特勒后，这个国家在很长一段时间内，就只有希特勒存在，其他人都不存在。

这时，谁想显示自己的存在，希特勒就会令他的肉体彻底不存在。

所以，要尊重自己的选择，并因而努力承担自己的责任，以争取你的存在。

定律四：多一只心灵之眼，看破关系的迷雾

一个人怎样对你，反映着他的内心。

你怎样对一个人，反映着你的内心。

这叫"投射"。

一个人怎样对你，可能是被你教会的。

你怎样对一个人，可能是被他教会的。

这叫"认同"。

投射与认同，是人际关系中最重要的心理互动机制，是我们的内在关系模式相互影响的主要途径。

所以，不必将关系中发生的事情简单地归到自己身上或他人身上。相反，我们应该多一只心灵之眼，学会从内在关系的角度审视自己和对方。

前面一节讲述了心灵成长的第三个定律，其中讲到，我们所谓的"人格"是一个人的内在关系模式，即"内在的小孩"与"内在的父母"的关系。并且，这个内在关系模式基本在六岁前形成。

那么，第四个定律就是，这个内在关系模式是我们与他人、社会，乃至世界相处的基石。简而言之，童年时，我们怎么与父母相处，长大后，我们就怎么与其他人相处。

不过，这个相处模式也有变数：某一时刻，在某个关系中，你会以"内在的父母"自居，而将"内在的小孩"投射到对方身上；而在另一时刻，你或许以"内在的小孩"自居，而将"内在的父母"投射

到对方身上。并且，你在将自己的内在关系模式向外投射的时候，关系的另一方也在做同样的事情。

这就是人际互动的主要方式。

这里所说的互动，不只是我们与其他人的言语互动，还有来自潜意识的信息互动。相对于意识层面的言语互动，潜意识的信息互动更重要。

互动还包括我们通过书本、网络和电视等媒介与其他人的互动。这也不只是我们与人的互动，还有我们与其他生灵乃至大自然的对话。

在这所有的互动中，内在关系模式都是基石。然而，这并不意味着你的内在关系模式一直恒定不变。相反，与其他人、与社会和与自然的每次互动都是机会，即促进你心灵改变的机会。当然，这也常常蕴含着风险，每次互动都可能把你的心灵拉进黑暗。

如果只讨论现实中的人际关系，可概括为一句话，即关系并非两个人的事情，其实是两个内在关系模式的互动。

要认识这样的互动，在必要的时候，我们需要多一只心灵之眼，并从一个近乎旁观的视角审视一下你与他人的互动游戏。

他为什么喜欢羞辱同学

与人相处时，我们需意识到，我们面对着的那个人并非一个简单、单一的人。其实，我们面对的是一种关系，即这个人的内在关系模式。

并且，这个人与你相处时，一定会玩投射的游戏：要么，他会把他内在关系模式中的"内在的父母"投射给你；要么，他会把他的"内在的小孩"投射给你。

这几乎是必然的。

所以，我们应知道，一个人怎样面对我们，其实反映着这个人的内心。他怎样对待你，其实反映着他"内在的父母"与"内在的小孩"的相处模式。

有一天，在一家餐馆吃饭。餐馆的服务员和我聊天时讲到，有两个男孩常来这个餐馆吃饭。男孩 A 一身名牌，显然家境很好；男孩 B 有些寒酸，显然家境一般。

不仅如此，男孩 A 还帅气、高大，而且学习成绩似乎更出色。总之，他似乎在各个方面都比 B 显得出色一些。

女服务员说，因此，A 趾高气扬，总是很无情地对待 B，一会儿说："你怎么能用手拿着比萨吃，简直就是原始人嘛！"一会儿又说："你怎么这么笨，吃饭的样子真是难看。"最后，该结账了，A 看似豪爽但其实很尖刻地说："我知道你很穷，当然是我结账了。"

"现在的孩子，怎么这么势利！"女服务员感慨道。

"那是因为他们生活在势利的家庭。"我对她解释说。

可以推测，A 的家庭缺乏平等观念。他的父母和家人不仅瞧不起别人，他们在家中也会彼此制造压力，要是谁在某一方面不够"优秀"就会被瞧不起。这使得 A 的心中形成了"挑剔的内在的父母"常瞧不起"不够优秀的内在的小孩"的关系模式。有了这样的内在关系模式后，A 就会把它带到任何关系中，B 只是被他选中的对象而已。

他先在家中习惯了被挑剔

A 看似很在乎优秀不优秀，但是，他很喜欢与 B 这样处处不如自己的人打交道，因为只有和这样的人在一起，他才可以完美地把他的内在关系模式投射出去。因为这样的内在关系模式，他的内心会有许多冲突和不良情绪，必须宣泄出去，他才会感觉好一些。

同时还可以看出，B 的内在关系模式也大有问题。女服务员说，尽管不断遭受 A 的羞辱，但 B 一直笑嘻嘻的，好像没有什么不满。这可以推测，B 的内在关系模式，是赞同"优秀者"有资格羞辱"不优秀者"的。极有可能 B 的父母或家人经常拿 B 和别的孩子做比较，并且会斥责甚至羞辱达不到他们理想要求的 B。这导致 B 和 A 一样，内心也有一个"挑剔的内在的父母"和"被挑剔的内在的小孩"。于是，当外在条件都胜自己一筹的 A 不断羞辱自己时，有这样内在关系模式的 B 认为这是合理的，自己该被羞辱。

此外，还可以更进一步推测，当 A 遭到比自己更优秀的人的羞辱时，A 可能也会安之若素。至于 B，他也会去羞辱不如自己的人。

然而，假若 B 的内在关系模式是另外一回事，讲究相互尊重和平等，那么他就会不吃 A 那一套，会对 A 的羞辱加以还击。

用心理学的术语讲，A 羞辱 B，是投射，即将自己的内在关系模式强加在 B 的头上。B 接受了 A 的羞辱，是认同。更准确地说，这叫作"投射性认同"。但假若 B 不接受 A 的羞辱，这就叫作"投射不认同"。

案例：投射与认同

我们常说，一个人怎么对待别人，其实是这个人的内心反映。

这个道理，套用一个心理学术语，就是"投射"。

更细致的解释是，一个人的外部人际关系其实就是他的内心关系向外的展现。

譬如，假若一个人的内在关系模式是"挑剔的内在的父母"与"被挑剔的内在的小孩"，那么，这个人现实的人际关系，要么是他瞧不起别人，要么是他甘于被别人瞧不起。

面对这样的人，我们就要明白，他挑剔你，其实并非你的错，而是他自己的问题——他是把自己内心的东西投射到你身上了。不过，接不接受他的投射就是你的问题了。

在一个心理学论坛上，23岁的女孩阿娜写道："很多人都摆出一副长者的姿态来教训我这个没事找事、顽固不化、不懂事的小孩子。"

这些摆出长者姿态的人来教训她，可以理解为，他们正在向她投射他们的一些东西。一般而言，他们投射给她的，就是他们的"被挑剔的内在的小孩"。

因为这些教训，阿娜很容易受到影响。别说教训了，甚至"一旦别人表示出一点儿不满，我就有天要塌下来的感觉"。也就是说，这些人对她的投射都成功了，都严重影响到了她。按照心理学的说法，就是她认同了这些人投射给她的"被挑剔的内在的小孩"。

那些人向她投射，是他们的事，而她认同了这些投射，就是她自己的事。

她为什么这么容易认同这些投射，这么容易受到他们的影响呢？原来，她的父母一直就是这样对她的，他们几乎从来不夸奖她，而只是一味地挑剔她、指责她，甚至羞辱她。由此，她的内在关系模式就是"挑剔的内在的父母"和"被挑剔的内在的小孩"。别人之所以那么容易把他们的"被挑剔的内在的小孩"投射到她的身上，是因为她的内心已经先有了一个"被挑剔的内在的小孩"。

这种互动模式令阿娜非常痛苦，她渴望摆脱这种痛苦。那么，她可以给自己的心灵多一双眼睛，当别人再次动辄指责她时，她可以告诉自己，这些人其实是把他们的"被挑剔的内在的小孩"投射过来了。这不是她的问题，而是他们的问题。

譬如，就在这个心理论坛上，一个经常以专家口吻训斥别人的网友辱骂阿娜说："没出息的臭丫头，要是你找我做心理咨询，我会骂死你。"

在别人看来，这个网友显然不是什么咨询师。如果真是，那也是一个应该被开除的心理咨询师。然而，即便这么明显的无理的话，也严重影响了阿娜，她怯生生地问这个网友："为什么？"

显然，这个网友的投射获得了成功。

其实，阿娜只要做一件简单的事情，就可以摆脱这个网友的投射了。我对她说，这个网友的内在关系模式中，有一个"内在的中毒父母"和一个"内在的受伤小孩"。现在，她这样训斥阿娜，其实就是以"内在的中毒父母"自居，而将"内在的受伤小孩"投射给阿娜了。这个道理很简单，阿娜明白这一点后，立即就可以笑对这个网友的无理攻击了。

这就是投射不认同。你有投射的自由，而我有不认同的自由。这样一来，我就不再被你的投射所影响。假若阿娜很生气，并要求这个网友收回她的投射，那么就仍然是在受她的影响，投射与认同的游戏还是会进行下去。现在，阿娜的心灵好像多了一双眼睛，可以跳出来，旁观这个网友的独自表演，于是投射就成了这个网友一个人的游戏，她自然就玩不下去了。

自爱＝"内在的父母"爱"内在的小孩"

心理咨询中，心理医生要通过缜密的工作改变来访者一些关键的、不良的投射与认同机制。

现实生活中，我们也通过与无数人的互动，逐渐改变自己一些投射与认同的方式，同时也会获得一些新的方式，而内在关系模式就会在这个过程中发生改变。

运气好的话，我们会遇到一些温暖的过客。他们的温和、爱与宽容可能会起到很大作用，令我们的内心发生改变。通过与他们的交往，我们甚至可能在相当程度上放弃了童年时建立的内在关系模式。他们不仅促进了我们的"内在的小孩"的成长，还会改变我们的"内在的父母"，最终令我们学会自爱。

运气不好的话，我们会遇到很多残酷的过客。他们的冰冷、恨与苛刻也会对我们造成很大影响，令我们的内在关系模式向糟糕的方向发展。

若想少受到那些残酷的过客的不良影响，我们需要养成一种意识：在关系中受伤的时候，适当地从关系中跳出来，用那只旁观的心灵之眼审视一下，看看究竟发生了什么。

若有这样一只心灵之眼，你就会发现很多词都需要重构。

譬如自爱，在以前的文章中，我已讲到，所谓的"自爱"，如果从内在关系模式去看，其实就是"内在的父母"爱"内在的小孩"。

我们可以此类推，自信其实就是"内在的父母"赞赏"内在的小孩"，而自立就是"内在的父母"尊重"内在的小孩"的独立空间……

这就可以得出一个结论：我们与自己的关系也是无比重要的关系。很多人会说："接受自己，爱自己。"但是，假若"内在的父母"与"内在的小孩"之间冲突性很强的话，这就并不容易做到。所以，过于挑剔的父母，很难让自己的孩子学会自爱。

当然，做不到也是因为：我们常以为，自爱与自信是自己的事，只要自己努力去尝试就可以逐渐做到，而很少从关系的角度去审视这一点。

我们不仅要从内在关系的角度看自己，还要学会从内在关系的角度去看别人。假若学会了这一点，我们就会明白，这世界上到处是假自信、假自爱和假自尊。

有太多看似自信、自爱的人给周围的人带来了极大的痛苦。这其实暴露出了一个秘密：他们强大的自我是伪装的，他们必须把自己的强大建立在别人的弱小之上。他们的内在关系模式中，有一极（通常是"内在的父母"）过于强大，而另一极（通常是"内在的小孩"）过于弱小，这种非常不和谐的内在关系模式给他们带来了很大冲突，令他很不舒服。于是，他们会尽可能地向"内在的父母"认同，而将"内在的小孩"尽可能地投射到别人身上。由此，这些貌似强大的人，对周围人而言，其实是地狱。

心理医生切忌陷入投射认同的陷阱

意识到对方的投射，但是不认同，这一点在心理咨询中非常重要。所有的来访者都势必会在心理咨询室里大玩投射游戏，并很渴望心理医生按照他们所期望的那样做出认同。

譬如，来访者经常会显得非常可怜，好像没有一点儿力气。这时，很多心理医生会忍不住可怜他们，不自觉地为他们做很多事。看起来，心理医生是帮助了来访者，其实这样做对来访者有害无益。

因为这是一个投射与认同的游戏，来访者的"可怜"是一种心理防御，他用这样的方式来逃避自己内心的一些问题或成长的责任。这时，假若心理医生选择了认同，并帮他完成一些他渴望的事情，那就相当于剥夺了他的一次心灵成长的机会。

心理医生最好的做法是多一只心灵之眼，能在必要时跳出咨询关系，从旁观的角度审视一下咨询室里究竟发生了什么。他要意识到来访者的投射但不认同，不按照来访者渴望的方式去"帮"他。相反，可以把它拿出来与来访者讨论，把来访者本来处于潜意识层面的投射游戏给意识化。这样一来，来访者就可以清晰地认识到自己的问题，而好的改变也由此开始。

不过，很多时候，即便多了一只心灵之眼，心理医生仍然会忍不住去帮来访者做一些事情，满足来访者一些稍显过分的要求。这也没关系，等意识到这一点之后，心理医生仍然可以把这一互动关系拿出来和来访者讨论，让自己和来访者明白究竟发生了什么。

我们有无数已经习以为常的投射与认同的游戏，这样的游戏大多数没有什么问题，但势必有很多游戏存有问题。并且，心理问题越重的人，他病态的投射与认同就越多。精神分析流派的心理医生要做的一个重要工作，就是通过投射但不认同帮助来访者斩断这些有问题的互动方式，并由此帮助他们改变自己有问题的内在关系模式。

不过，在斩断有问题的互动方式时，心理医生切忌使用冷酷无情的方式。假若一个心理医生冷冰冰地告诉来访者，他经常在装可怜，以便用这种方式来获得心理医生的同情，那么这次咨询是不会起到好的治疗效果的。

更不能把问题投射给病人

最糟糕的心理医生是不自觉地进入了来访者那些富有攻击性的投射认同游戏，并认同他们"糟糕的内在的父母"，而对来访者的缺点大加挑剔。譬如，假若前面那位网友真是心理医生，并在咨询中扮演起阿娜苛刻的妈妈的角色，对问题丛生的阿娜进行大肆抨击，那么对阿娜这样的女孩可能是摧毁性的打击，因为她真的会认为这是自己的问题，并且不懂得逃避。

还有的糟糕的心理医生，是把自己糟糕的内在关系模式带进了心理咨询室。很多心理医生自己的内在关系模式有问题，这没什么，因为每个人的内在关系模式都势必有不同程度的问题。关键是，他要意识到自己的内在关系模式的问题，并且能在相当程度上控制自己不在咨询室里把这个关系模式强烈地投射到来访者身上，并诱惑来访者认同。

譬如，有一个心理医生童年缺乏母爱，目前的生活中缺乏异性的爱，这导致他有一个"内在的饥渴的小男孩"。到了咨询室里，他有时会忍不住想主动拥抱一些吸引他的异性来访者。这种渴望不是问题，关键是，他首先要意识到这是他自己的问题，然后控制住它，找自己的同行或督导老师倾诉并寻求解决，但他绝不能在咨询室里寻求解决。这样一来，即便没有更糟糕的事情发生，他也是在向来访者索取。这就完全违反了心理咨询的职业设置——来访者付钱给心理医生，而心理医生付出自己的职业劳动，譬如理解和接受、爱和心理分析……

喜欢嘲笑弱者的强者一定是假强者

最经典的例子是希特勒。小时候，希特勒的父亲常把他打得死去活来，并且一边暴打他一边嘲笑他弱小、意志不坚定。这样一来，希特勒的内在关系模式非常可怕，一极是"暴虐的强大的老爸"，另一极是"受虐的弱小的小孩"。最终，希特勒意识上彻底认同了"暴虐的强大的老爸"，并将"受虐的弱小的小孩"压抑到潜意识中。然而，"受虐的弱小的小孩"并未消失，相反，可能对他的影响更大。它会时时跳出来，告诉希特勒，他曾经多么弱小、多么没用。希特勒不能容忍这个"受虐的弱小的小孩"影响自己，于是他将它先投射到周围的人身上，接着又投射到其他群体，如犹太人身上，最终将它投射到整个欧洲。

在与其他人、群体和国家的关系中，希特勒表现得无比坚定、无比强大，同时拼命地攻击各种各样的"弱小者"。看上去，他好像是百分之百的强者，然而，我们用自己的心灵之眼从内在的关系这个角度审视一下就会知道，这其实只不过是他内心病态的关系模式向外展现的结果而已。他以"暴虐的强大的老爸"自居，而将"受虐的弱小的小孩"投射到了其他人、群体和国家之上。然而，这远不能表明他强大，反而暴露了他有无比脆弱、无比自卑的一面。

希特勒是一个极端的例子，然而，类似他这样的人在我们的生活中比比皆是。假若你遇到一个貌似强大的人，但你和他相处非常不舒服，他总是有意无意地用尽一切办法显示他的坚强并令你感觉自己很渺小，那么，你可以推断，这个人和希特勒有类似之处，他正将他的"内在的弱小的小孩"投射到你的身上。

我曾在论坛上与一个私企老板论战。他白手起家，历经了难以想象的磨难，才有了今天的成就。这些磨难令他心如铁石，对刚毕业的大学生和下岗工人大肆攻击。他的逻辑是，这些人如此脆弱，所以活该挣不到钱，也活该被强者瞧不起。

他传奇般的磨难令网上许多人对他心生崇拜，并赞同他的这种逻辑。但我知道，他之所以攻击那些弱者，其实是他特别惧怕自己会变成那样。他的人生经历告诉他，如果他变成了那样的弱者，没有谁（其实是没有亲人，尤其是最重要的亲人）会同情他，所以他绝对不能陷入那种境地。于是，他绝对排斥自己柔弱的一面，这最终变成，他绝对排斥所有的弱者。

然而，非常有趣的是，这个私企老板招的大学毕业生多是"无能之辈"，常犯一些低级错误，总是被他嘲弄，然而他又很少开除他们。

这是一个非常有趣的事情。他既然心如铁石，为什么不招一些同样心如铁石的员工，或者，起码心如铁石地把那些常犯低级错误的大学毕业生开除呢？

在我看来，这是因为他和这些大学毕业生建立关系，正是为了将自己"内在的弱小的小孩"投射到他们身上去。只有在这样的关系中，他才能很好地以"内在的坚强的父亲"自居，而将自己胆怯、柔弱的一面投射到员工身上。

每一种人际关系中都充满隐秘的投射

美国人本主义心理学家马斯洛描绘说，自我实现者的一个人格特征是，一方面疾恶如仇，另一方面对人性的脆弱又无比包容。

我们应切记一点，真正的强者绝对不是那些从不怕疼的人，而且总是无情地嘲笑别人柔弱的人。真正的强者，应该是一方面坚强，另一方面又非常温和、非常富有包容性的。

我们的一生，可以说就是不断与别人玩投射与认同游戏的一生。在这个过程中，我们影响并改变别人，也被别人影响并改变。有时候，这个过程进行得如此隐秘，以至我们很难发觉。

一次，我遇到一个女子，她很漂亮，旁边一个小女孩称赞她说："姐姐，你好漂亮啊！"

这个女子温柔地抚摸了一下小女孩的头发，用很好听的声音对她说："小妹妹，你也很漂亮啊！"

她说得看似很真诚，但接下来，她不经意但又极自然地补充了一句："小妹妹，你脸上这里有一个雀斑啊！"

这句话令小女孩很受伤，她一声不吭地走开了。

这句不经意的话表明，这个女子的内在关系模式有一些问题。在与这个小女孩的关系中，她要在相貌上保持优势。那么，大致可以推测，在她的内在关系上，她与一个重要的女性亲人（譬如姐姐或妹妹，也有可能是妈妈）存在着严重的竞争关系。这令她无法坦然地欣赏其他女子的优点，而总要有意无意地去打压对方。

假若不留意这个细节，这个女子看上去是很可人的。她不仅漂亮，还非常会说话，能力也非常强。然而，尽管她看上去会很用心地对待你，但你总感觉她有一些说不出的东西会时不时刺痛你一下。这些说不出的东西，应该正是来自被她压抑的"内在的自卑的小女孩"。

我当时想，她指出小女孩脸上的雀斑并非有意，而更可能是源自

"内在的自卑的小女孩"的投射。

那个小女孩被这个投射给击中了，她认同了这个投射，于是很受伤。如果她能多一只心灵之眼，审视一下这个女子的内在关系，她会明白这个投射首先反映的是这个女子内心的问题。如果明白了这一点，那么想必她能在相当程度上避免自己受伤，而且还可能对这个女子生出一些同情，知道这个女子是因为她自己内心不够和谐才忍不住这样做的。

多一只心灵之眼，可以让我们在适当的时候从一个伤害性的关系中脱身而出。同样，我们在认识自己时，也应多一只心灵之眼，学会经常审视自己的内在关系，从这个角度理解我们对其他人的态度。

譬如，假若这个女子能有这样一只心灵之眼，能审视一下她自己的内在关系，她就能懂得，自己忍不住指出那个小女孩脸上的雀斑，其实反映的是自己心灵深处的"雀斑"。

定律五：幸与不幸，是你主动实现的

"读完《爱是一种选择》，我感觉好像看到了一条阳光大道铺在自己面前，只要勇敢地走下去，就可以抵达幸福和快乐的彼岸。但同时，这种美好的愿景却隐隐让我产生了一丝恐惧：假若我的主要问题'拖累症'得到了缓解，那将是一个什么样的人生？

"这太难想象了，有种我不再是我的感觉。

"现在，因为拖累症，我的确有点儿痛苦，但这种痛苦我习惯了，并不至于忍受不了。那条阳光大道是有点儿诱人，但我真的在想，就这样好了，不变好了。拖累症固然累人，但我还能够忍受。"

这是一个朋友的来信。她是一个敏感而感性的女孩，《爱是一种选择》这本书极大地触动了她的内心，让她明白了自己的一个主要问题——拖累症。这本书还提供了解决这一问题的详尽方法，于是她好像看到了一条阳光大道，看到了通向幸福、快乐人生的可能性。然而，这种可能性让她产生了恐惧心理。她抗拒这本书给她的启示，本能地想停留在原地，宁愿忍受，也不想改变。

为什么？

她的来信中也给出了答案——"这种痛苦我习惯了"。

积习难改，她也不例外。不过，在我看来，所谓"积习难改"，并不仅仅是因为惰性，更深层的原因是控制感。习惯意味着，我们看见开头，就可以隐隐看到结尾。不管结尾是好是坏，只要能预见到就好。

其实，我们最惧怕的，并非痛苦，而是无法预测的痛苦。假若痛苦能被我们预见到，那么从心理上而言，这种预料中的痛苦就远没有那么可怕了。甚至，为了证实自己的预见能力，我们常常会主动推动事情向自己预料的方向发展。这就是所谓的"自我实现的预言"。

如果预见到了幸福和快乐，你就会把事情向幸福和快乐的方向推动；如果预见到了不幸和悲哀，你就会把事情向不幸和悲哀的方向推动。

所以说，尽管我们很容易归罪于人，可是我们人生的结局，在相当程度上却是我们主动推动的。

一天，临近傍晚，我独自走在广州的滨江路上。这是快乐的一天，有几件事很中自己心意。因这种愉悦的心情，一切景色看上去都那么宜人。

突然，我看到一条货船从珠江上缓缓滑过，货船的尾部拖着一条长长的油污带，在落日的余晖中显得非常刺眼。看到这幅景象，我不由得悲从中来，脑子里蹦出了一句话：这是一个无可救药的世界。

这句话从脑子里蹦出后，我吓了一大跳：仅仅一条船带来的污染，居然就令我很自然地下了这么大的一个无比悲观的结论。

那段时间，我正在思考自动思维的事。所谓"自动思维"，是指我们遇到一件事情后脑子里蹦出的第一个句子。这样的句子处于意识和潜意识之间，如果细细地追下去，就可以发现潜意识中的一些隐秘。

我的这句话自然是一个自动思维，而它也的确反映了我潜意识中有太多消极和悲观的成分。因为积攒了太多悲观的东西，我的心中其实早有一个消极的"自我实现的预言"。因为这样一个预言，令我更容易关注消极和悲观的东西。

譬如，就在此时此刻，我有很多信息可以关注，而这一天又有不少可以令我快乐的信息。然而，我固然注意到了那些积极的信息，但它们并未引起我很深的共鸣。相反，那条货船留下的一条油污带引起了我如此强烈的共鸣，并下了那么大的一个结论。

之所以如此，是因为那些快乐的信息不符合我潜意识中那个悲观的"自我实现的预言"，而那条油污带则符合我的这个预言。

反省的时候，我清晰地察觉到：当下那样大的一个结论时，我一方面感到很悲哀，另一方面隐隐有一丝轻微的得意。

这种得意仿佛在说："看，我多聪明，我多有智慧，我早预料到世界就是这样运转的。瞧，现在不就证实我的预见能力了吗？"

从理性上讲，由一条油污带推出"这是一个无可救药的世界"自然不成立，然而，我们的心灵恰恰就是非理性的。我们都是通过自己过去有限的人生经验（尤其是童年时的人生经验）推出一些大结论，并将这些大结论延伸到我们生活中的各个角落。

更为关键的是，我们会固守这些大结论。如果我们发现事情的发展偏离了这个大结论的方向，我们就会努力将事情重新拉回到自己的这个方向上来。

这些大结论，也就是"自我实现的预言"。

如果我们内心的"自我实现的预言"是积极、乐观的，那么我们就会在遭遇打击和挫折时努力将事情推向积极、乐观的方向。相反，如果我们内心的"自我实现的预言"是消极、悲观的，我们就很可能会在遇到阳光和快乐时，有意无意地将事情推向消极、悲观的方向。由此，人生很容易成为一种强迫性的重复。童年拥有幸福和快乐，以后就会不断地重复幸福和快乐；童年遭遇了不幸和悲伤，以后就会不断地重复不幸和悲伤。

更重要的是，我们必须认识到，在这种强迫性重复中，我们并非被动参与。相反，我们主动推动了它的发展。

这就是我所写的心灵成长的第五个定律。

主动伤害自己，就不怕被伤害了

童年幸福，长大后就不断地重复幸福，这一点容易理解。然而，为何童年痛苦，长大后就不断地重复痛苦呢？

我的理解是，我们主动制造的痛苦，比突如其来的痛苦，疼的程度更低一些，于是更容易承受。

16 岁的姜是一个漂亮的高一女生，她夏天却不敢穿短袖上衣。原来，她的胳膊上有很多伤痕，穿短袖上衣会暴露它们。

这些伤痕是怎样来的呢？是她自己用铅笔刀割的。特别伤心、麻木的时候，甚至特别开心的时候，她都会有一种强烈的冲动，忍不住想割自己的胳膊，尤其是手腕处。

她并非想自杀，只是想把自己弄疼一些。她说："肉体上的疼，比心理上的痛苦更容易忍受。"所以，她会在特别伤心的时候，譬如和男友闹矛盾时，选择割伤手腕。这样一来，肉体上的疼痛就替代了心理上的痛苦，变得更容易忍受了。麻木时，她也会割伤自己，是因为肉体上的疼痛仿佛可以刺激她，让她感到自己还是活着的。

这两种情形都比较容易理解。然而，为什么特别快乐的时候，她也会去割伤自己呢？

譬如，最近一次割伤自己，是因为她发现高中的班主任对她特别好，就像一个温暖的妈妈。这种发现令她有点儿受宠若惊，然后，她就产生了一种强烈的冲动，于是割伤了自己的胳膊。看到鲜血流出来，切实地感受到了伤口处的疼痛，她觉得放松了一些，也好受多了。

在咨询室里，心理医生对姜做了一些让其放松的工作后，让姜重新细细讲述这次事情的经过，更重要的是讲述她内心的一些对话、一些体验。

她讲道，当发现班主任特别喜欢她时，她受宠若惊，一方面是难以置信的欣喜，另一方面是一种隐隐的惶恐。

"什么样的惶恐？"心理医生问她。

"我……我担心她一转身就对我不好，就不要我了。"姜回答道。说完这句话，她的眼泪流了下来。

这就是她在特别快乐时也想自伤的答案。她所说的快乐，都是一些重要的人的爱与认可所带来的快乐，譬如男友、老师或知己。她无比渴望被人爱，但一旦真得到了爱，她立即就会担心被抛弃。并且，她知道被抛弃的感觉是多么可怕，最可怕的是突然袭击式的被抛弃：对方不说理由，忽然就变脸了，就远离她了。

这种不可预见的被抛弃带来的痛苦太大了。为了减少这种心理疼痛，她会先弄疼自己。这样一来，等被抛弃的事情再次发生时，她的难过程度就会相对轻很多。

这里面隐含着这样一个逻辑：我先弄疼自己，就是告诉自己，我知道别人的爱与认可是不可靠的，而抛弃早晚会到来。

这是经典的悲剧性的"自我实现的预言"。

姜之所以形成这么糟糕的"自我实现的预言"，与她的生命历程息息相关。她在只有几个月大时就被送到乡下的爷爷奶奶家。当父母想念她时，就把她接回城里住一段时间；忙了，就再把她送回乡下。

她七岁时，因为要上学，所以又回到城里和父母住在一起。有三年时间，她与父母的关系很糟糕。她渴望父母能多给她一些爱，但父母觉得她已是大孩子了，要有大孩子的样，要懂事，要听话。

慢慢地，她和父母的关系有了改善，尤其是和父亲的关系。到了十岁时，她已慢慢感受到温暖的父爱了，自己心里的一块坚冰正在慢慢融化。但就在这一年，她的父亲遭遇车祸而意外身亡了。

十岁前的一系列不幸令姜惧怕起快乐和幸福来，因为她发现，她的每一次幸福和快乐之后，都会伴随着不幸和痛苦。这个发现最终在她的内心深处扎了根，并发展成一个非常悲观的"自我实现的预言"。

其实，在很小的时候，姜就学会了先制造痛苦，以防御不期而至的被抛弃的痛苦。譬如，当知道父母将到乡下看她时，她会很渴望，然而，一旦真见到了父母，她就会冷落他们，拒绝与他们亲近。尽管这种疏远令她也感到痛苦，但毕竟自己制造的痛苦比先与父母亲近然后再被父母"抛弃"容易承受多了。

拯救小哥哥未果，于是爱上柔弱男子

不仅如此，姜对父母屡屡"抛弃"自己有着强烈的愤怒。然而，她不敢表达，父母也不容许女儿表达。他们整个家族都不能接受晚辈对长辈表达不满。他们认为他们是为女儿好，才将她送到乡下去的。但是，对姜而言，她的被抛弃感是无比痛苦的。这种痛苦是切实的，她因此产生的愤怒也是真实的。

被抛弃所带来的痛苦，她可以通过先制造痛苦来减轻受伤感，但愤怒，她怎么表达呢？

割伤自己，就是她的表达方式。

此前，我屡屡讲到，我们常说的自爱，其实是"内在的父母"爱"内在的小孩"。那么，所谓的"自虐"，其实常是"内在的小孩"攻击"内在的父母"，或"内在的父母"惩罚"内在的小孩"。

那么，当被抛弃时，姜割伤自己的手腕就是"内在的小孩"在攻击"内在的父母"。她不能通过合理的方式向大人表达愤怒，于是只能通过扭曲的自虐的方式来表达愤怒。她不能对现实的父母表达不满，只好对"内在的父母"表达不满。

姜的"自我实现的预言"是自暴自弃式的预言。在最快乐的时候，她自暴自弃式的预言会使她做出一些自伤或伤人的行为，将事情向坏的方向推动。毕竟，自己制造的痛苦比起被别人抛弃的痛苦，感觉上要好承受多了。

还有未被实现的愿望所造就的预言，也是极其普遍的预言。我们

过去（尤其是童年）有过许多宏大的愿望，但因为我们人小力微，这些愿望常常无法实现。于是，它们被深埋心底，成了我们的一种夙愿。与自暴自弃式的预言不同，未被实现的愿望所造就的预言，看上去似乎非常美好，实质上同样危险。

譬如，法国著名小说家玛格丽特·杜拉斯在她的自传体小说《情人》中就不经意地描绘出了这种预言。

《情人》，顾名思义，颇像一部爱情小说，实质上，这部小说至少有一半的篇幅描绘了杜拉斯的家庭悲剧：她的爸爸自杀，她的妈妈艰难度日，她的大哥哥孔武有力、性格霸道且受尽妈妈宠爱，于是一直肆意地凌辱她的小哥哥。她想拯救小哥哥，她常想杀死大哥哥，有时也仇恨妈妈……

但是，和无数家庭一样，玛格丽特·杜拉斯作为家中最小的孩子，能发挥的影响很小，她救不了她的小哥哥。

由此，她的这个宏大的愿望被压抑下去了，并最终在她的中国情人身上得以体现。尽管与中国情人相爱时，她还是未成年人，但在这个关系中，她像她妈妈一样，而中国情人就像一个柔弱的男孩。

在小说中，她细致入微地描绘她多么爱中国情人的柔弱。

杜拉斯的小哥哥27岁时去世了。当时，她感到切肤之痛。这种痛苦，和她刚分娩后的孩子死去带给她的痛苦一样。痛苦的另一面，是她对小哥哥无比的爱。而这种爱，读上去和她对柔弱的中国情人的爱非常相像。她写道：

我比任何人都看得清楚。所以，我已经有了这样的认识。这本来也很简单，即我小哥哥的身体也就是我的身体。这样，我也就应该死了。我是死了。我的小哥哥已经把我和他聚合在一起了，所以我是死了。

在家中，玛格丽特·杜拉斯和柔弱的小哥哥站在一起，爱他，用强硬的姿态与暴虐的大哥哥和偏心的妈妈抗争。她试图拯救小哥哥，但她失败了。

这种失败，这种未被实现的愿望最终纠缠了杜拉斯一生。她先是在未成年时爱上和小哥哥一样柔弱的中国情人，后来又在她60多岁的时候与一个同样柔弱的20多岁的男人相爱。

拖累症

拖累症指的是这样一种心态：看到别人的痛苦就忍不住想帮对方，而且是没有原则地帮助对方。

看上去，拖累症属于美好的范畴，其实远不是那么简单的。

美国心理学家斯科特·派克在他的著作《少有人走的路》中写道："我们不能剥夺另一个人从痛苦中受益的权利。"

这句话的意思是，一个人势必会从受挫中成长。如果他能做到这一点，那么他的个人能力就能得以发展。由此，假若我们替这个人背负他的痛苦，帮他化解一切难题，那么这个人就无法成长。

拖累症，恰恰就违反了派克所说的这个原则。

患有拖累症的人，看到别人的苦难，就仿佛那是自己的苦难，于是先会抛出一大堆建议。如果对方不主动改变，那么他会冲上去，用尽力量帮对方解决问题。

然而，这样一来，他就剥夺了对方"从痛苦中受益的权利"。假若对方是意志比较坚定的人，那么就会讨厌拖累症患者，于是敬而远之。假若对方是有依赖习惯的人，那么就会和拖累症患者黏在一起。由此，他们逐渐沉溺于这样一种关系模式——你忘我地帮助一个人，而那个人会严重依赖你。

极端情况下，拖累症患者还隐含着这样一种逻辑：人们注定是忘恩负义的，而我是永远的圣人。

于是，我们会看到这样的事情：一个人会无原则地帮助所有来求助的人，譬如拿几千元给一个素不相识的女孩买 MP4；然而，当他陷入困境时，他帮助过的那些人没有一个来关爱他。

斯科特·派克还有一句话，可以作为拖累症患者的座右铭——真爱非常可贵，必须且只给值得的人。

"自我实现的预言" = 内在关系的对话

我想，或许玛格丽特·杜拉斯的心中有这样一个预言：我相信我可以拯救这些柔弱的男子。

我不清楚她是否在 60 多岁时拯救了 20 多岁的情人，不过至少她没能在童年时拯救小哥哥，也没能在她尚是少女时拯救中国情人。即便是作为罕见的文学天才，她与他们也只能是相遇而已。她与他们可以相互陪伴、相互抚慰彼此的痛苦，却不能我改变你，或你拯救我。

现实生活中，我也常见到类似的情形。一个女子，她非常优秀，但特别优秀的男人对她没有吸引力，她喜欢的都是同一类男子——他们外在条件优秀，但自我评价极低。

她说，她一定能改变他们，让他们相信他们有多优秀。这是她的一个重大的"自我实现的预言"，而她也努力地试图拯救两名类似的男子，但一次都未成功。

拖累症患者有类似的心理。他们有时想拯救朋友，有时想拯救爱人，有时想拯救孩子，有时则想拯救素不相识的陌生人。但是，假若他们能深入地了解自己，会发现他们童年时不是想拯救自己，就是想改变父母、兄弟姐妹等亲人。这两者是合而为一的，童年时想改变亲人，其实就是想让亲人多爱自己。

但是，任何人，只有自己愿意努力改变自己时，性格的改变才有可能。假若一个人不愿意主动去改变，那么任何人想改变他的努力恐怕都只会失败，而没有成功的可能。

这样说来，杜拉斯其实也是一个拖累症患者。对于所有这样的拖累症患者，《爱是一种选择》这本书是一剂良药。

不过，从前面导语中我们已经看到，对于改变，我们本能上是抵触的。《爱是一种选择》让我的那位朋友仿佛看到了一条阳光大道，但她那时宁愿沉溺于不幸和痛苦中，也不愿意走上这条阳光大道，因为它是未知的。

并且，"自我实现的预言"这个词不能细致地描绘出它的本来含义。这个词很容易令人以为，能否有一个好的内在的预言，是一个人自己说了算。实际上，这个所谓的"自我预言"常是一个人内在关系的对话。这个内在关系的核心，是"内在的父母"与"内在的小孩"。

从玛格丽特·杜拉斯的例子中，我们可以看到，在这个没有父亲的家庭中，杜拉斯的小哥哥内化到杜拉斯的心灵深处，成了她以后选择恋人的重要原型。

其实，每个重要的亲人都会内化到我们心灵深处。我们童年时与每个重要亲人的关系模式都可能成为我们内在关系模式的重要组成部分，并在我们目前的现实关系中得以体现。

由此，所谓的"自我实现的预言"，其实就是我们童年时与重要亲人的关系中所形成的一些结论性的东西。

假若一个人屡屡被重要的亲人抛弃，他就可能形成自暴自弃的预言。相反，假若一个人得到了大多数重要亲人的爱与认可，他就可能形成阳光灿烂的预言。等长大后，他会坚信自己在任何情况下都可以赢得别人的爱与认可。

在《定律四：多一只心灵之眼，看破关系的迷雾》中，我讲到，我们的一生就是不断与别人进行投射与认同的游戏的一生。你把自己的内在关系模式投射给别人，别人也不断地将他们的内在关系模式投射给你。谁的内在预言更坚定，谁就更可能成功地将自己的东西投射给对方，并让对方认同自己。

譬如，我的一个朋友说，她心里一直有一个信念：大家都会喜欢她。因为这样的一个信念，她会很自如地和每个人交往，她靠这个信念结交了许多朋友。在商务场合，她一样能和每个人平等相处，不会因为对方的地位很高就觉得自己低人一等，也不会因为对方的地位低就趾高气扬。于是，她在相当程度上跨越了商务场合的送礼、请客等烦人的潜规则的障碍，用一颗最简单的心获得了成功。

她为什么能有这样一个信念，这样一个积极、自信的"自我实现的预言"？我问过她这个问题，她想了一下说，那是因为她从小就获得了几乎所有家人和重要亲人的爱。

很多人在社交中特别敏感、特别自卑，很在乎别人的反应，这是因为他们内心总有一个消极的预言——"我是不受欢迎的"。这种消极的预言的形成，常常是因为他们在自己家中不受关注，或者他们的家庭整体上都对社会交往有强烈的抵触和自卑。

"自我实现的预言"有相当的稳定性。在相当程度上，它可以和内在关系模式画上等号。它们都是童年时我们在与重要亲人的互动中形成的，改变起来并不容易。

同时，我们也必须看到，"自我实现的预言"的重要性恰恰意味着我们是自己命运的主动参与者。我们主要是被自己内在的东西所决定的，而不是被外在的所谓"命运"给强加的。

并且，尽管内在的东西有相当的稳定性，但也是可以改变的，这就是我准备写的心灵成长的第六个定律——答案，在你自己心中。

定律六：答案，在你自己心中

命运不是发生在我们身上的事，而是我们自身的一个组成部分，命运是我们如何运用洞悉力和爱的规律对事件做出反应。

——德国哲学家　席勒

"我觉得你的理论有种'循环论'的味道，我们不论怎样都不能摆脱重复童年的命运吗？"

一个读者在我的博客上留言说。

这种观点并不特殊，很多读者，包括我的一些朋友，也对我说过他们有类似的感觉。他们喜欢我的文章中细致的心理分析，觉得这些分析好像令他们的心更透彻，同时也觉得其中的理论是一种宿命论，令人无助。

假若只看分析，我的文章的确像"循环论"，但这不是逻辑上的循环论，而是命运上的循环，也即轮回。这种"循环论"在《心灵成长的六个定律》中有很明确的展现。

《定律三：关系胜于一切》写到，性格决定命运，而性格即心理学所说的人格。所谓"人格"，是一个人的内在关系模式，即"内在的父母"与"内在的小孩"的关系模式，它在六岁时定型。

在《定律四：多一只心灵之眼，看破关系的迷雾》中则写到，这个内在关系模式在童年定型后，以后的人生就是不断地将这个内在关系模式投射到我们外部的人际关系的过程。

《定律五：幸与不幸，是你主动实现的》则显示，很多人的不幸看似是别人造成的，其实是他们自己主动参与的，苦难的童年让他们有了一个消极的"自我实现的预言"——我注定会受苦。有了这个预言，他们会在潜意识力量的牵引下，不自觉地去实现它。

因此，我常说，童年受过的苦，长大了还要再受一次。

并且，只受一次还是理想状况。更可能的情形是，我们一生都在不断地重复同一种苦难，即不断地陷入被同一个心理模式左右的轮回。

这种轮回看上去令人悲观，然而，这种轮回中已经有了一个可以乐观的基础：所谓的"命运"，起码有相当重要的一部分，不在别处，就在你心中，就是你的内在关系模式。

由此，如果你改变了内在关系模式，也就在相当程度上改变了你的命运。

这就是我要写的心灵成长的六个定律中的最后一个定律——答案，在你自己心中。

我们习惯在别处寻找答案

每个人都渴望幸福，然而，似乎常有这样的事情发生：你不仅渴望，还付出了艰辛的努力，但要么是所托非人，要么是外来力量出其不意地摧毁了你的生活。

这时，你会感叹命运，说这不是你的力量所能决定的，而是命。

所谓"命"，其实也就是所谓的"外来力量"。

问题是，这些外来力量常常是我们自己请来的。你不仅请它参与你的生活，还将你的幸福寄托在它身上。

最常见的外来力量就是"别人"。

我收到的读者来信中，大多数有同样的逻辑：请帮我分析一下他的心理，请问我怎样可以改变他，为什么他这样对我，我究竟还有没有希望得到他……

总之，这些信有一个基本的共同点：焦点放到了别人身上。

这种逻辑无处不在。前不久，我去佛山做一个讲座，最后留了半个小时让听众提问。有十几个听众提问，但所有问题全是关于别人的，要么问我该怎么帮有学习问题的孩子，要么问我该怎么对待有问题的配偶，还有人提问该怎么帮助有问题的朋友，但没有一个人说"我有一件苦恼的事，请问该怎么办"。

这些问题就好像提问者在说："我的生活很痛苦，但不是我造成的，而是我有问题的孩子、有问题的配偶造成的。"

一旦持有这样的逻辑，你就必然会陷入命运的轮回中。

前面我提到，童年的苦，长大了还要再受一次，这就是命运的轮回。我们之所以陷入这个轮回中，原因很简单——我们渴望改变别人。童年时，你想改变父母；长大了，你选择像父母的恋人或配偶，再去努力改变他们。

但是，父母不会因为你的渴望而改变，像父母的恋人或配偶也不会因为你的渴望而改变。

于是，你童年受过的苦，长大后按照同样的模式再受一次。

一位40多岁的女士，已是第三次结婚。她的前两次婚姻都堪称不幸，两任丈夫都有严重的暴力倾向，常把她打得鼻青脸肿。熟悉她的朋友和同事都为她鸣不平，因为她不仅漂亮、温柔，而且非常能干。当她第三次结婚时，她的朋友们认为她的不幸可以结束了，因为第三任丈夫苦恋她多年，终于如愿以偿地和她走到了一起，还发誓会一直疼她，绝对不会让她再受苦。

然而，结婚刚两个星期，他们就发生了争执。她给几个朋友打电话，哭着求他们过来，因为她又挨打了。那个自称会爱她一辈子，再也不让她受苦的男人居然这么快就违背了自己的誓言。难道男人都是这么不可靠？难道她的命就是这么不好？……

几个朋友立即赶到了她家，发现她正坐在电话旁呜呜地哭，而她丈夫则蹲在旁边，边流泪边求她原谅，并对纷纷谴责自己的朋友们说自己绝对不是有意打她的，只是当时突然失控了，一拳打在了她脸上。但把她打倒后，自己又心疼，又惶恐，惶恐自己怎么也变成了坏男人。

赶来的朋友中有一位女士是心理医生，她没加入谴责他的队伍，而是耐心地问到底发生了什么，想听一下整个事件的细节，越详细越好。

当两个人把事情的经过讲出来后，赶来的朋友都惊讶地停止了对她丈夫的谴责。

原来，因一件很小的事，他们发生了争吵。争吵到最激烈的时候，妻子质问丈夫："你是不是想打我，像×××（她爸爸的名字）打我妈妈一样？"

丈夫说："怎么会？我不会打你的，我承诺过的，而且我从不打女人。"

妻子说："你就是想打我。我早看出来了，你和他一样，你和他们（她的前两任老公）一样，你们男人都一样。你打我啊，你打我啊，你不打我，你就不是男人……"

她这番话重复了很多次。突然，他失控了，挥起了拳头……等他醒过神来，就发现她已躺在地上。

如果只看表面现象，这个男子绝对是错误的，因为他是暴徒。但是，一梳理整个过程，赶来的朋友立即明白了，这位女士，真的是在讨打。当然，不是意识层面上的讨打，而是潜意识层面上的讨打。

为什么讨打？一个重要的原因是，这位女士在追求"我永远正确"这样的心理。一旦丈夫施暴，从道义上，他就是绝对错误的，而她是绝对正确的，人们一定会同情她，站到她这一边。这样一来，他们关系中的所有问题，她都可以说："不是我不好，而是他粗暴。"

简单而言，这是用受苦来寻求道德上的制高点。当然，这并非这个女子意识层面的有意追求，而是潜意识层面的无意追求。她妈妈先用这个办法在家中取得了道德制高点，而她则把这个办法转移到了自己家中。

于是，她的命运相对于她妈妈的命运是一个轮回，她第三次的婚姻相对于前两次婚姻也是一个轮回。

然而，这正如我在《定律五：幸与不幸，是你主动实现的》一文中所说，命运的轮回，是这位女士主动实现的。当第三任丈夫不想参与她的轮回时，她主动将他带进了这个轮回，从而把一个从不打女人的男人变成了一个暴力男。

不过，她并非只是在渴望挨打。后来，在对那个学心理学的朋友讲述自己的心理时，她说，用言语刺激丈夫时，她知道自己的想法——我就是要去碰触你的底线，看看你是不是和其他男人一样。如果是，她会在挨打的那一刻有一种带着怨恨的惬意——我早就知道你们男人就是这样子。如果不是，她认为自己就得救了，终于有一个男人会是她生命中的例外了。

只是，她会一次次地刺激丈夫，一次次地逾越丈夫所能承受的底线。最终的结果是，她的生命中不会有例外，一切的确都如她所料——男人都一样，没有一个是好东西。

这个故事，用我讲的第五个定律（幸与不幸，是你主动实现的）可以给出经典的诠释。再次举这样一个例子，是想特别强调，许多成年人的人生悲剧的根本原因并不在别人身上，而在自己心中。

这是一个很简单的道理，可惜的是，只有少数人持有这样的观点，多数人自觉或不自觉地在别人身上寻找答案。

许多女士不幸嫁给了酒鬼或赌鬼，她们为此整日焦虑，无比渴望丈夫发生改变。然而，许多心理医生发现，一旦她们的丈夫经过心理治疗，酗酒或赌博的情况大大缓解后，这些女士会无比焦虑。她们会做一些微妙的事情，阻止丈夫彻底变得健康。原来，这些女士自我价值感的一个重要来源，就是建立在不断指责并帮助有问题的丈夫上。

一旦丈夫真的没有问题了，她们的指责和帮助就都失去了意义，她们会因此而手足无措。

其实答案很简单，她们最需要做的，是把焦点从丈夫的身上转移到自己的身上来，反省自己的内在关系模式，这经常是"有问题的爸爸（或其他重要的男性亲人）"和"渴望改变爸爸（或其他重要的男性亲人）的小女孩"。假若这个内在关系模式不发生改变，这些女士的命运就不会发生改变。她们看似渴望丈夫变成一个健康的好人，其实只是在渴望这个改变过程而已。丈夫不能彻底变好，丈夫应该永远都有比较重大的问题，这样她才能将自己的内在关系模式完美地投射到她与丈夫的外在关系上。

怪罪父母是逃避成长责任

受苦，是产生心理问题的一个重要原因。大多数心理问题，如果深入其内核看，都有一个共同点：爱的缺失。

然而，受苦只是心理问题的一个必要条件，而不是充分条件。有心理问题的人几乎必然受过苦，但受苦并不必然导致心理问题。

因为，在受苦的原因和受苦的结果之间，还有一个重要条件：你如何看待自己受过苦这个人生真相。

假若你承认自己的确受过苦，不去扭曲这个人生真相，那么你就会自然而然地得到解脱。因受苦太多，你也许会有些忧伤，但你不会出现严重的心理问题。

相反，如果你不承认受苦这个事实，问题就会产生。

无数读者在给我写信时都会问到一个问题：既然你说心理问题的原因可追溯到童年，追溯到与父母的关系上，那么请问，我怎样才能改变父母？还有少数读者在明白这一点后，对父母产生了很大的愤怒甚至仇恨情绪，极少数读者开始不断地斥责父母，甚至出现了对父母的暴力行为。

暴力行为自然是错误的，这一点毋庸置疑。我的文章，除了分析童年对我们心理问题的影响外，也一直在强调一个观点：可以归因于童年，归因于我们与父母的关系上，但不要怪罪父母。因为，怪罪是一种逃避，是将已成年的自己的成长责任放到了父母身上。自己不愿意承担自我成长的责任，只是一味地怪罪父母或其他亲人，这就是一种沉溺性的情绪发泄，没有益处。

渴望改变父母和怪罪父母一样，都是没有认识到真正的问题在哪里。我们童年时与父母等重要亲人的关系模式是我们人格的基础，也在相当程度上决定着我们的命运。然而，我们长大后，与父母的现实关系的重要性就不如我们的内在关系模式了。

改变别人的努力，大多数情况下都会失败，改变父母的努力一样会有这个结果。并且，即便理想的状况发生，父母的确因你而改变了，他们反省自己对我们的教养方式的问题，甚至还向我们道歉。这时，我们会产生深深的感动，并流下激动的眼泪。

但是，过后我们会发现，问题依旧存在。因为，虽然我们与父母的外在关系改变了，但我们的内在关系模式——"内在的父母"与"内在的小孩"的关系仍然没有发生重要变化。你的性格还是老样子，那也意味着你的命运仍旧不会发生改变。

譬如，前面提到的那位女士。小时候，她爸爸常打她妈妈，这种关系模式最终扎根于她的内心，于是她将它复制在自己的三次婚姻中。那么，我们设想，她的父母改变了，不再发生矛盾了，甚至非常和谐了，她的婚姻关系模式会发生巨大变化吗？显然不会！

父母糟糕的关系模式是她的糟糕的内在关系模式形成的原因，但她的内在关系模式一旦形成，就具备了独立性，就不会再随着父母关系的变化而自动发生根本性改变。

成年后，我们必须有这个意识，不要再将焦点放到自己与父母的关系上了，不要认为这个外在的关系改变了，自己就得救了。要想得救，我们必须把焦点放到自己的内在关系模式上。

内心不改变，还会走在老路上

父母不是我们心灵成长的答案，我们自己的外在条件也不是。

一位 50 多岁的男子，在广东和香港都有公司，两个儿子都在国外留学。他的外在条件够优秀了，但他的自我评价仍然很低。他特别爱养狗，之所以喜欢养狗，是因为第一次遛狗时，他一路上赢得了许多关注的目光。以前从不打招呼的邻居跟他打起了招呼，从不注意他的美女开始对他微笑。这种感觉太好了，以后他一发而不可收地喜欢上了养狗。现在，他家里已有多条狗了。

一位 50 多岁的女士，也是成功人士，她对金钱有一种痴迷。尽管她已不再需要挣钱了，因为她的事业和积蓄足够她和家人过很富足的生活了，但她停不下来。因为一旦停下，她的心就会有空空如也的感觉。这种感觉很不好，而要逃避这种感觉，她发现最有效的方式就是拼命工作、拼命挣钱。当钱不断累积时，她会有一种安全感。

这两个例子表明，很多时候，追求成功的心理机制是一种循环。我们不断地按照一个固定的模式奋勇前进，其实只是为了逃避内心的一些受伤感。这个办法看似有效，因为我们奋勇前进的时候，受伤感的确似乎没有了，而成功带来的富足、荣耀和羡慕也令我们非常享受。

然而，一旦陷入这个循环，我们就会发现我们不能停下来。一旦停下来，一种莫名的受伤感就会袭来，而那些外在的荣耀似乎都没有一点儿力量能够抵挡这种感受的袭击。

于是，我们宁愿每天都像高速旋转的陀螺一样，一天只睡五六个小时，甚至三四个小时，其他所有时间都在拼命忙碌。但这忙碌只是为了不去面对内心无法逃避的受伤感。

许多人失眠，也是由于这一原因。当像陀螺一样高速旋转时，我们绷得非常紧，内心的东西就被忽略、被压制了。一旦处于放松状态，内心的这些东西就会冒出来，我们就会难受。于是，为了不难受，我们就不放松。但不放松，就不可能有很好的睡眠。这也是一个恶性循环，于是你会发现，你越努力、越优秀，失眠就越严重。最终，你只好求助于药物，而这也逐渐成为一个恶性循环——你对药物的依赖越来越严重，你需要的药物剂量也越来越大。

对此，印度哲人克里希那穆提有很好的描述："先是有孤独，然后又有逃避这份孤独的执着活动，接着这份执着就变得非常重要，它操纵了你整个人，使你无法看清真相。"

好好反省一下，看看你外在的优秀究竟有没有带给你良好的心态。如果没有，那么你一定是将外在条件当成了逃避内在自卑的工具。如果意识到自己有这个问题，那么请试着对内在的自卑做工作，而内在的自卑一定发生在内在关系模式中，一定是因为"内在的小孩"对获得爱与认可没有信心。

心灵成长的六个定律：生命的意义在于选择

一切自由、一切真理和一切意义都依赖于个人做出并予以实施的选择。

——奥地利心理学家　维克多·弗兰克

我们生命的根本动力是成为自己；

我们天然就有一个精神胚胎；

童年的关系模式会成为我们的内在关系模式，即人格；

我们不断将内在关系模式投射到外部的人际关系上；

幸与不幸，是我们在内在关系模式的引导下主动完成的；

答案，在你自己心中。

这是我在《心灵成长的六个定律》中提出的六个定律。这六个定律可以概括成一句话：

我们的根本动力是成为自己，但这个过程是在关系中完成的。

自我觉察——自己选择自己的人生

相对于"成为自己"而言，我似乎更看重"关系"，心灵成长的前五个定律，不管怎么强调"成为自我"，大部分篇幅还是放在了关系上。要理解关系，要接受关系的实质，就要放下对关系另一方的执着，放下埋藏在潜意识深处的改造别人的梦想……

为什么不把重点放在"成为自己"上，反而把"关系"当成了重点呢？

这有两个原因：第一，我知道我该如何成为自己，但我不知道你该如何成为自己，这只能由你自己去探索；第二，束缚我们走向成为自己的最大障碍，就是围绕在关系上的迷雾。假若消除了这些迷雾，理解了关系的实质，懂得了放下对别人的执着后，对成为自己的渴望就会自动浮现出来。

《心灵成长的六个定律：生命的意义在于选择》，甚至我的大多数文章，都是在做第二个工作——消除围绕在关系上的迷雾。

关于我们的心理行为模式，可以概括为一个简单的公式：

B

A————C

A，即 Affair（事件）；B，即 Belief（信念）；C，即 Consequence（结果）。看起来，事件直接导致我们的行为结果，其实这中间由我们的信念做了大量的加工工作。

B 可以视为信念，也可以视为一个人格系统、一种对话，即内在关系模式中，"内在的父母"与"内在的小孩"的对话。不管你怎样理解，都不是特别重要的。重要的是，如果我们想令自己的人生具有真正的价值，我们必须对 B 进行深度了解。

假若对 B 没有丝毫了解，那 B 对我们而言就完全是一个"黑匣子"，而我们的心理行为就是纯粹的自动反应。一个事件直接激起我们的一个特定反应，我们或许感觉很爽，但我们对这个过程没有丝毫控制能力。

假若对 B 有了深度了解，那我们的心理行为就有了自主选择的色彩。深度的了解一旦发生，B 就一定会发生剧烈的变化。即便暂时没发生变化，它也不再是一个"黑匣子"。那么，当一个事件发生后，我们不会再像以前那样自动出现一个特定反应，而是会加以控制，进行分析，然后再主动选择更合理的反应。

从内在关系模式的角度看，如果你对 B 没有深度了解，那么你基本上就是一个纯粹的原生家庭[1]的产物。你彻彻底底地陷在家族命运轮回的链条上，一个完全了解你的内在关系模式的人可以轻松地对你的人生做出一个准确的预言。

这也就是说，你的一生是白活的，你不过是一个家族的自动产物。

但是，一旦你对 B 有了深度了解，你就可以在相当程度上跳出家族命运轮回的链条。这样一来，你的人生将不再只是别人生命的延续，而有了你自己的意义。

未经省察的人生没有价值，苏格拉底如是说。我想，这位古希腊先哲的话可以从上述的角度来理解。即你必须省察你的生活，然后再根据你的了解，对你自己的人生做出选择。

很多人会告诉你，活着是为了什么。并且，为了帮助你达到这个目的，他们还想出了许多办法。

然而，每当听到这样的教导时，我都会忍不住想，假若我按照这些办法做，那我的人生，究竟是我的，还是他们的呢？因为同样的道理，我在文章中更重视描述和分析，而不愿意提供办法，我是本能上不乐意这样做。

印度哲人克里希那穆提说，唯一重要的是点亮你自己心中的光，而要实现这一点，你要做的就是自我觉察。

自我觉察，如果用心理学的术语来解释，就是将潜意识的内容意识化。一旦你习以为常的价值观、信念和教条背后藏着的潜意识的

1　原生家庭即指父母的家庭，儿子或女儿并没有组成新的家庭。

"黑匣子"的内容被自我觉察的光照亮，那些以前控制着你的一些非理性的东西就可以消失了。

对此，德国哲学家尼采也说过一句著名的话："知道'为什么'而活的人几乎能克服一切'怎么办'的问题。"

亲密关系是决定人生是否和谐的第一关

对于绝大多数人而言，最需要知道"为什么"的，是亲密关系的奥秘。假若我们的亲密关系一塌糊涂，那么我们的生命质量就会一塌糊涂，而不管你在其他方面多么卓越、多么富有。

我认为，我们的一生有四个重要关系：

1．自己与自己的关系，即孤独。

2．自己与最值得珍惜的人的关系，即亲密关系。

3．自己与社会的关系，譬如友谊与事业。

4．自己与世界的关系。

我们若想拥有一个和谐的人生，就意味着我们在这四个关系上都要达到和谐。其中，亲密关系是第一关。假若这一关过不了，根本没和谐可谈，那么其他三个关系也一样是谈不上和谐的。

我之所以认为亲密关系是第一关，这是由亲密关系的特质决定的。所谓"亲密关系"，不外乎两种：亲子关系和婚恋关系。如果你的原生家庭的亲子关系基本上是和谐的，那么这个关系最终会内化到你的潜意识深处，成为你人格的基石，这也意味着你的内心是和谐的。一旦有了基本和谐的内心，在一定程度上达到容忍孤独甚至享受孤独就不是太难的事情了。

相反，如果你的内在关系模式是充满冲突的，那么你的婚恋关系也势必会充满冲突。并且，这个内在关系模式一样会延伸到你与社会的关系，以及你与世界的关系上，令你习惯在社会和世界中制造冲突。希特勒与父亲的关系充满了激烈的冲突，这个充满冲突的关系模式最终延伸到希特勒生命的每一个角落。

作为亲密关系的两个组成部分，原生家庭的亲子关系会种下因，而长大后的婚恋关系会收获果。

因为这个因果关系的关联如此强烈，我们可借助婚恋关系来反省自己在原生家庭的亲子关系，其实也就是自己的内在关系，即人格。

在《定律六：答案，在你自己心中》中，有这样一个例子：一位40多岁的女士，两次婚姻都堪称悲惨，因为两任丈夫都很暴力，她在第三次婚姻中，丈夫爱她并承诺绝不使用暴力。但他们结婚两周后，丈夫打了她。其实真正的原因在这位女士身上，她在吵架时不断地对丈夫说："你打我啊！你打我啊！你不打我，你就不是男人！"

这个故事首先是个人命运的轮回，这位女士在三次婚姻中都被打。这也是家族命运的轮回，这位女士对第三任丈夫说："你是不是想打我，像×××（她爸爸的名字）打我妈妈一样？"这句话显示，她的原生家庭的关系——爸爸打妈妈——被她原封不动地移植到自己的家庭关系里了。

她这么做，一定有一些很重要的理由。在这些重要的理由被觉察前，它们无疑就是一个"黑匣子"。它们操纵了她，令她在婚姻中一直处于自动反应的支配之下。一旦她认清了这个"黑匣子"，她的内心就会发生剧变，她的心理行为模式会从自动反应发展到自主行为。

这个"黑匣子"里究竟有什么内容呢？答案可能有许多种。

一种可能的情形是，这位女士的妈妈在挨打后，可能和女儿一样，叫来一些亲朋好友，让他们指责自己的丈夫。她还可能会经常向女儿倾诉，让女儿同情自己。

更可能的情形是，这位女士在替妈妈争取公平。在她的原生家庭里，妈妈被爸爸暴打之后，可能会不吭一声，但女儿忍不住想替妈妈争取公平。她对爸爸充满了愤怒，并渴望替妈妈对爸爸进行报复。只是，如果爸爸太暴力的话，女儿未必敢把愤怒表达给父亲，她可能会将这个愤怒压抑在心中，以后再寻求机会把它表达出来。而最容易找到的机会，就是她自己的家庭。第三次婚姻中，暗含着这样一个逻辑——她把丈夫变成和父亲一样的暴徒，然后她可能就会抛弃他，和他离婚——离婚就是她的报复方式。

当然，这一切并非她的有意追求，而是潜意识层面的内容。她对潜意识层面的内容越不了解，她被这个"黑匣子"控制的程度就越深，而命运的轮回也就越无从打破。如果她清晰地了解了这些深层的心理机制，她就会懂得，她对丈夫的行为是多么不合理，她也就可以放弃这些行为了。

也许，这并不是一个能立即实现的目标，它需要一些时间。但起码，她可以控制住自己，当丈夫又产生类似的冲动时，她可以对自己说一句："停！你又在玩一个游戏了。"哪怕仅仅做到这一点，她在婚姻里也已经部分摆脱了命运的轮回，而有了自我选择的空间。

从自己入手是改善关系的唯一有效途径

我们每个人都应该去省察自己关于亲密关系的信念和教条。那一切被我们当作金科玉律的东西，真的就是正确的吗？有太多时候，那些看起来无比光鲜的金科玉律，其实不过是一个你根本不了解的黑匣子罢了。

譬如，一个女孩说她一定要找一个有男人味的男友。这个男人味，到底是什么意思？许多和她有同样渴望的女孩，最后找的男友或丈夫，其实就是施虐狂。有这样梦想的女孩，常常是刚伤痕累累地离开了一个暴力男友，接着又迷上了一个有"男人味"的男子，结果最后又是伤痕累累。她们也觉得自己有些不对劲儿，但她们会说，我就是对温和的好男人没感觉。

感觉的确是最重要的，只是，感觉其实只是一个信息。如果你仔细聆听这个感觉，就会发现藏在这个感觉背后的真相。那个真相才是最重要的。但我们经常抵触这个会令自己难过的真相，我们更愿意放纵自己的感觉。那么，你的生命就是没有意义的，你不过是其他人生命的一个自动反应结果而已。你看似活过，其实你不曾存在过。

我还发现一个规律：童年越不幸的人，越容易产生一见钟情式的爱情，越容易在乎感觉。由此，我特别想强调，如果你的童年很不幸，一旦有了一见钟情，那么这几乎意味着危险的来临。假若你渴望过健康的生活，渴望自己的心灵有所成长，渴望自己的一生是自主选择的结果，那么请不要立即投入这种迷恋式的爱情的怀抱中去。你要停下来，试着不去执着于那个人，那么你一定就会产生强烈的情绪。这时，你好好去聆听一下你的这些情绪是什么，这里面藏着什么信息。如果听到了，你就可以解脱了。

停下来，聆听，而且什么都不做，这是一个很好的了解自己的办法。很多时候，我们都处于自动反应的支配下。譬如，一坐在电脑桌前，你就会有点儿急不可待地想打开电脑。那么，试着不打开电脑。这时一定会有情绪产生，去体会这个情绪，顺着这个情绪往下想，看看最后究竟能看到什么，那个最后看到的东西一定是很重要的答案。一旦找到这样的答案，你对电脑或网络的执着就可以放下了。

一位女士，一次看体育比赛，看到一个运动员撞在另一个运动员的脸上，撞得另一个运动员头破血流。这个女子忍不住哈哈大笑起来，结果被丈夫说冷血。她也觉得自己太冷血了，于是开始谴责自己。我建议她去体会、去聆听自己的内心，展开一下自由联想，从那个撞击的画面自由想象下去，看看会想到什么。她这样做了，最后脑中出现的画面是，她的爸爸一拳打在妈妈的脸上，而那时她觉得很爽。

原来，她的妈妈是特别喜欢唠叨的人，而她的爸爸是很沉默的人。尽管很讨厌妈妈的唠叨，爸爸却不会还嘴，更不会使用暴力。但这个女儿为爸爸感到痛苦，于是渴望爸爸揍妈妈。然而，这种渴望似乎大逆不道，她自己也无法接受，只好把它压抑到潜意识中。但是，任何自然产生的情感都是压抑不了的，它总要找机会表达出来。这位女士在看体育比赛时的冷血就表达了这种被压抑的情感。

我们的一切心理都是围绕着关系展开的，它先在原生家庭的关系中产生，之后又在其他关系中展现。只是关系势必意味着别人的参与，这就给我们制造了巨大的难题：这个关系中的事情，到底该我负责，还是该对方负责？若想改变一个关系，是该从我入手，还是从对方入手？

答案自然是，我们该从自己入手，这甚至是唯一有效的途径。

问题是，童年时，一个关系中的事情，的确不该由孩子负责。孩子如果想从自己入手，一般也没有什么太大的效果。

这就给我们的人生制造了巨大矛盾，我们多在童年时学会了把改变关系的责任放到别人身上，长大后又照搬了这个做法，但这是无效的。

这是我们人生中最重要的迷雾，我们必须把围绕在这一点上的迷雾拨开，才能走向无法预测却精彩绝伦的成为自己之路。

人的命运为什么会轮回

......

我们一生中常会陷入被同一个心理模式左右的轮回。

这种轮回看上去令人悲观，然而，这种轮回中已经有了一个可以乐观的基础：所谓的"命运"，起码有相当重要的一部分，不在别处，就在你心中，就是你的内在关系模式。

由此，如果你改变了内在关系模式，也就在相当程度上改变了你的命运。

内向是对内向者的保护？外向是对外向者的嘉奖？

我性格内向，从来不去要求别人，也很难拒绝别人。长大后，我觉得还是朋友少些感觉更自在，因为即使拥有那些关系，我也是处于被利用的一方，而基本不会去利用别人。为了自我平衡，所以我选择了减少交友，减少亲戚往来，感觉这样更加舒服。

我家外向的人很多，我觉得他们的烦恼之一就是人情债务——今天你送我几百元，明天我再还你几百元。这么折腾有什么意思？在我看来，不拖不欠最好。

而且，也许是我自己不要求，也许是在成长过程中得到的本来也不多，所以我对向我进行索取的人有一种本能的排斥，譬如那些亲戚。一直不想要小孩，感觉这也是一种来自他人的索取。而我基本只是奉献，所以感觉没有乐趣和向往。

我一直是个孤独的人。从大二开始，我想改变这个性格，并为此付出了很多努力。

到了大三下半年，这个努力收到成效，交往的朋友多了起来，我差不多每天都能接到五个以上的电话。看楼的大爷经常气喘吁吁地爬上四楼找我，大喊："武志红，有你的电话！"

那时，与我交往的女孩也多了起来，我甚至被人称为"花花公子"。

并且，我的性格似乎也变了：以前郑重、认真的我，仿佛一夜之间变得特别爱开玩笑；原来只能在某几个人面前比较幽默，那时突然变得对所有人都很幽默。

不过，这种状况只持续了不到半年，我又恢复了老样子。免不了要回忆并反省这半年是怎么回事，一直以为的答案是：变成那个样子，就不是我自己了，我还是做自己比较舒服。

2006 年，在上海学精神分析期间，找一个心理老师给我做治疗时，我突然领悟到一点：内向是对我这个内向者的保护。

详细说来，是我发现自己有一个特点：被索取时不懂得拒绝，该索取时却说不出口，并且根本就不想索取。

这样一来，每多建立一个关系，对我而言，整体上就意味着损失。那么，为了自我保护，我最好少建立一些关系。

也就是说，我大二之前那么多年的内向，其实是对我自己的保护，但我没有认识到这一点，而仅仅认为内向很糟糕，是必须要改变的东西，于是我去追求外向。这个追求的确成功了，但我只是多掌握了一些社交技巧，并没有懂得如何在付出与索取之间保持一种平衡。结果，朋友是多了许多倍，但付出也多了许多倍。这令我很累，于是我又恢复了老样子。

明白了这一点后，我再审视自己过去 32 年的人生，发现其实每一个人生阶段都有许许多多人想与我接近，因为我一直是那种愿意聆听、陪伴并理解对方的人。但是，我自己总是缺乏与太多人交往的渴求，我总能有意无意地找到一些理由，使我与许多人的联系逐渐淡下来，最终断掉。

譬如，大三那一年，我认识的那些人，现在几乎都没有联系了。

对外向者，我们为什么甘愿付出？

内向是对内向者的保护。当我形成这个初步结论后，审视了一下身边认识的人，发现的确有许多内向者，他们看上去非常富有爱心、乐于助人，大家很乐意和他们交往，但他们一直陷于孤独中。

我的一个朋友说，她的爸爸为人非常友善，许多人喜欢他，但他整天在家里待着不出门。她很焦虑，渴望爸爸多交往一些朋友，那样他的老年生活会更幸福。她用尽了各种方法，但爸爸还是一如既往地保持着孤独。

相反，她的妈妈有些霸道，喜欢对人颐指气使，该索取的时候毫不犹豫，但她的朋友很多，每天都有许多活动。

如果说内向是对她内向的爸爸的保护，那么，外向就是对她外向的妈妈的嘉奖。

　　我的这个朋友也有点儿喜欢对人颐指气使，所以她和她妈妈一样，朋友也不少。听了我的这番观点，我的另一个朋友说，对她来说，的确如此。她有一个明确的意识：如果一个关系中，一旦她的付出多于收获，她就会结束这个关系。不过，这种事很少发生。

　　的确如此，她的朋友多得不得了。无论她去哪里，都会有朋友或同事接她、送她、好好招待她，并且大家多是真心喜欢她。

　　为什么面对外向者，我们甘愿被索取？

　　这个问题的答案，其实也是内向者为什么会内向的答案，但这个问题，回答起来有点儿复杂。

　　只付出不索取，是某些人变成内向者的一个常见原因。除此以外，内向的形成还有其他许多种可能。譬如，美国人本主义心理学家罗杰斯就是一个极端内向者。他的第一个朋友是他的太太，而在认识太太前的二十几年时间里，他居然一个朋友都没有。

　　为什么会这样？罗杰斯说，这是因为他的父母自视清高，一直对他说，外面的那些孩子多是坏孩子，不要和他们搅到一起。

　　这句话蕴含着两个意思：你待在家中就是好孩子，你交朋友就是坏孩子。每个孩子都渴望成为父母眼中的好孩子，所以罗杰斯主动陷入了孤独。

　　追求"好"而远离"坏"，或者说，追求"善"而远离"恶"，是我们每个人内心深处的渴望。

　　关键问题在于，什么是"好"，什么又是"坏"。对于年轻的罗杰斯来说，孤独是好，不孤独是坏，但对于其他人来说，最初的关于

"好"与"坏"的认识是怎样形成的呢？

爱内向的父母，自己变成外向者

在这个问题上，我赞同作为新精神分析学派的客体关系理论的解释：所谓的"好与坏"，或"善与恶"，首先是在关系中产生并在关系中展现的。最简单的说法是：如果你某些时候被人接受，你就会感觉，这时候的你是好的；如果你某些时候不被人接受，你就会感觉，这时候的你是坏的。

为什么习惯索取的外向者受欢迎？这个解释可以回答。因为外向者主动和你交往，而且看起来喜欢和你交往，这证明了你是"好"的。极其外向的人，极其有感染力。所谓的"感染力"，我想就是一个信息的传递——"我喜欢你们，所以你们是好的"。

所以，一个悖论是，越孤独的人，可能越喜欢那种习惯索取的外向者。越孤独，一个人的自我价值感就会越低，但外向者强有力地敲开了他的保护壳。这种强有力的努力，会让内向者感受到他是有价值的，他是好的。

一个有趣的现象是，许多家庭有这样一个结构——父母中一个内向、一个外向，而孩子则像父母中的某个人。这种像未必是认同，甚至恰恰是相反的：内向的孩子更爱外向的父母，外向的孩子更爱内向的父母。仿佛是：外向的父母越喜欢一个孩子，这个孩子越容易成为内向者；内向的父母越喜欢一个孩子，这个孩子越容易成为外向者。

　　这很容易理解，因为外向的父母会向孩子索取，孩子要保留这份爱，就会变成外向父母所需要的习惯付出的内向者。内向的父母则会向孩子奉献，孩子要保留这份爱，就会变成内向父母所需要的习惯索取的外向者。

有人爱我，我就是好的；没人爱我，我就是坏的

　　我前面提到的那位把"收获多于付出"当成人际交往哲学的朋友，她的父亲非常内向。对于这样的父亲，要想和他交往（要获得他的爱），索取应该胜于付出，甚至必须强有力地索取，才能打开他厚厚的壳，从而和他建立深厚的关系。看起来，是她小时候主动向爸爸索取，其实这是爸爸的渴望。他渴望有人能知道，他多么需要关系，多么需要走出孤独。

　　同理，一个很内向的朋友，她与妈妈的关系更紧密。妈妈习惯在生活上照料她的一切，但从情感上向她索取。这位妈妈极其外向，于是对女儿的情感索取也相当厉害。妈妈这么需要她，这种需要是她的自我价值感的一个重要来源。她为了延续这种自我价值感，而发展成为一个情感上习惯付出的内向者。

　　外向者让我们觉得自己更有价值，于是我们更喜欢外向者。然而，为什么我们中的许多人是内向者呢？

　　这一点，从一个内向的成年人的现实关系中是很难找到答案的，这要追溯到他的童年。

　　客体关系理论认为，一个孩子三岁前的人际关系——主要是和妈妈的关系模式决定了这个孩子的人格。这个孩子最初的关于"好"与"坏"的观念，就是从这个关系中发展出来的。套用我前面用过的句式，就是：如果妈妈某些时候对他好，这个孩子就会认为这些时候的自己是"好我"；如果妈妈某些时候对他不好，这个孩子就会认为那些时候的自己是"坏我"。

　　并且，如果妈妈对他好的时候居多，那么，这个孩子就会认为自己整体上是"好我"，至于那些"坏我"，他也能接受其存在。相反，假若妈妈对他不好的时候居多，那么，这个孩子的真实感觉就会很糟糕。他觉得自己"坏我"太多了，他不能接受这种感受，于是，他会使用一些自我保护方式，把"坏我"压抑到潜意识中去。最常用的方式是将"坏我"投射到别人的身上。

　　我认为，对于一个孩子而言，与妈妈的关系固然重要，与父亲和其他重要亲人的关系也不能忽视。并且，这些关系都有类似的作用。如果亲人在某些情况下给予了爱与认可，孩子就会觉得这些情况下的自己是"好我"；如果亲人在某些情况下拒绝了给予爱与认可，甚至主动伤害孩子，孩子就会觉得这些情况下的自己是"坏我"。

　　那么，假若在与亲人的关系中，一个孩子最初是通过奉献来获得亲人的爱与认可的，那么他就会认为，"奉献的我"是"好我"，并从此以后会一直追求对别人的奉献。

　　同时，如果他在尝试索取时，亲人与他疏远了，甚至批评他、惩罚他，那么他就会认为，"索取的我"是"坏我"，从此以后会不习惯索取，甚至彻底抵制索取，以此保证自己获得更多的爱与认可。

外向的索取者常藏着很深的内疚

杨丽娟的父亲杨勤冀是一种极端的情感付出者，这可以在他和女儿的关系中看到。同时，他也是一个极端的拒绝索取者，当他去最好的朋友家做客时，他总是蹲在地上，不肯坐在沙发或椅子上，并且从不肯喝朋友递来的哪怕一杯白开水。我推测，他和女儿的关系模式，其实也是他和妻子、他和母亲等重要女性的关系模式，即他付出，而她们索取。他这样做，是因为他在追求"好我"的感觉。他惧怕一旦索取，那就是"坏我"，而那意味着被惩罚，譬如在童年时得不到妈妈的爱。

当然，这只是内向者内向的一个常见原因。内向的形成，还有许多种原因，例如罗杰斯，他的"好我"是待在家里，而"坏我"是和小伙伴们"搅在一起"。

我的"好我"是孤独、是奉献，而我不习惯索取，也是因为我的潜意识深处将索取时的我视为"坏我"，这有我自己特殊的原因。

任何一个关系中，都要保持付出与索取的平衡。所以，一个主要习惯付出的人，势必要和一个习惯索取的人在一起，关系才能平衡。反过来也一样，一个习惯索取的人，更倾向于和习惯付出的人建立密切的关系。

并且，付出者一定会有情感上的价值感，而索取者一定会有内疚感。于是，内向者容易清高，而外向者则容易成为被谴责的靶子。

这是很容易被忽视的一点。经常，当我和极其外向的人聊得深入之后，都会发现他们内心深处有一个非常封闭的地方。这个地方的封闭程度，和他们的外向程度成正比。

这个地方，封闭着什么呢？答案是，更深层次的"坏我"。

不必拒绝付出，但要学会索取

外向者首先是在家中形成的外向，他们学会了向父母某一方进行索取。但这种索取，其实也是在满足内向的父母的需求。内向的父母，尽管习惯孤独，但一样渴望关系，尤其渴望与所爱的孩子建立深度关系。既然他们习惯了付出，那么他们所爱的孩子只好学会索取。如此一来，这个关系才能保持平衡。

然而，索取总会导致内疚。索取太多，内疚就会很重。不管两个人的关系多么亲密，索取都会导致内疚。如果这个内疚无法处理，即索取者无法给予付出方回报，那么也会让索取者形成"坏我"。

一般意义上的"坏我"，与关系的另一方是否给自己爱与认可有关，而这个意义上的"坏我"更加本质一些。

也因此，其实人们更乐意付出，而并不乐意索取。假若是一个有价值的人向我们索取，我们会更加乐意付出。因此，美国政客马修斯才在他著名的厚黑学著作《硬球》中说，一个优秀的政客必须学会索取，而且是理直气壮地索取。

假若想建立真正和谐的关系，我们就要学会在需要付出的时候全然地付出，在需要索取的时候进行坦然的索取。

假若你是一个只懂得付出的内向者，那你需要知道，你的确是委屈的，因为你的付出多于索取。但你也是在害人，因为你的付出，其实会给别人带来更深层次的伤害。

假若你是一个只懂得索取的外向者，那你需要知道，你的确是受欢迎的，的确有许多人需要你用索取敲开他们厚厚的盔甲。同时，你也需要去审视一下，你的内心深处是否有着一个无比隐秘的地方。那个地方，锁着深深的内疚。

有一次，我从香港出差回来，因为丢了手机的 SIM 卡，许多人找了我两天却一直找不到。于是，重新补办 SIM 卡后不久，无数信息从手机中涌出来，其中有好几个信息是找我帮忙的。结果，在必须写周六心理专栏的最焦虑的时刻，我为别人的事情忙了大半天。晚上，我做了一个梦。

我梦见自己在锲而不舍地寻找有《三国志 5》（一种电子游戏）的光盘，我找到了十几种曾玩过的电子游戏的光盘，但就是找不到《三国志 5》。我很焦虑，并在焦虑中醒来。

醒来的一刹那，联系到内向与外向、付出与索取的话题，我立即明白，和以前一样，我又想通过沉溺于电子游戏的方式来逃避别人对我的索取了。

明白了这一点，我知道，《三国志 5》的光盘并不需要找到，我不需要重新沉溺于电子游戏中以逃避付出，也不需要拒绝别人对我的索取，前天那些事是必须做的。我真正需要的，不是拒绝，而是索取。

这正是海灵格在他的著作《谁在我家》中所揭示的道理，付出与接受，是关系发展的两个要素，丰沛地付出和坦然地接受会推动一个关系发展。我们既不能只付出，又不能只接受，否则，一个关系要么会陷入病态中，要么就会进行不下去。

圣人不死，大盗不止

东莞恒缘心理咨询中心的咨询师何晓东在为他的公司做 Logo 时，专门研究了恒的繁体字"恆"。

恒，最常用于"永恒"一词。但何晓东认为，恒的繁体字"恆"，从字形上看，左半侧是"心"，右半侧隐含的意思是"两个人的战争"。他认为，古人发明这个字，想说明的是"心中不停歇的争斗即为永恒"。

客体关系理论认为，每个人的一生中，最核心的争斗即善与恶，或好与坏的争斗。每个人势必视自己一部分"我"为善、为好，而将另一部分"我"视为恶、为坏。每个人都想行"善"，并以好人自居。即便那些最凶残的江洋大盗或连环杀手，也认为自己是好人。

最近，我看过美国一部讲述隐匿在美国监狱中一个最可怕的地下组织——长老会的书。一个一度凶残的成员后来开始忏悔，他说自己终于真正意识到，很可能他真的错了，他真的干了坏事，他应该为此承担责任，并反省自己。

制造美国俄克拉何马城爆炸案并导致 100 多人死亡的麦克维称，他之所以制造这起爆炸案，是为了拯救美国。显然，他也是以好人自居的。

我相信他们是真诚的。

历史上可怕的凶残事件，其制造者几乎都是以好人自居的。这些凶残事件的制造者越以好人自居，他们干的事情可能就越可怕。

按照客体关系理论，他们越以好人自居，对内心的恶就越没法接受。他们只能将这些恶投射到外界，投射到其他人身上。于是，一个越以好人自居的人，就越想打打杀杀。他首先想消灭自己内心的恶，这个愿望投射出来，表现为他特别想消灭其他的"恶人"。因为他认为自己太正确了，所以他在设定"恶"的标准时特别苛刻，很容易将太多人视为"恶人"，并在消灭"恶人"时尤其理直气壮，尤其可怕。

由此，庄子称："圣人不死，大盗不止。"

所谓"圣人"，是有最少缺点、最少恶的人，甚至干脆被自己或拥护者美化成没有缺点、没有恶的人。要达到这一点，就必须有衬托者，大盗因此而生。

一个人如果认为自己没有一点儿缺点，那不是因为他没有缺点，而是因为他不能接受自己"恶"的地方。于是，他只能将内心的"恶"投射到别人身上。于是，他势必会对周围的人无比挑剔。于是，一个认为自己永远正确的人势必会认为周围的人到处都是缺点。

这样的人，心理学称为"偏执狂"。所谓"偏执"，即不从自己身上找原因，而把焦点集中在别人身上。他不会认为自己有问题，而是认为问题都在别人身上。

当然，话又说回来，一个人不能容忍善与恶在自己心中并存，因而不能容忍别人指摘自己，根本原因在于他童年得到的爱太少。得到的爱越少，他越认为自己"坏"。他看似是不能容忍自己的"坏"，其实是不能容忍自己得到的爱太少。相反，一个人得到的爱越多，他就越容易宽容。首先是对自己宽容，既接受自己的优点，又接受自己的缺点。他看似是对自己有信心，其实是对自己得到爱有信心。

所以，我们如想追求永恒，须记住，永恒不是绝对的善。相反，永恒是容忍善与恶在自己心中争斗。

不含诱惑的深情

如何拒绝你？没有敌意的坚决。

如何深爱你？不含诱惑的深情。

美国著名的心理学家科胡特，创造了这两个充满诗意的句子。

没有敌意的坚决，即我不答应你时，我坚决，但毫无敌意，不会说你错了。

不含诱惑的深情，即我爱就爱了，没有条件，也不会诱惑你，弄出是你需求我的境况。

敌意与诱惑，都是让对方后退或前进，而躲避了自己。

不含诱惑的深情

一群兴高采烈的人在听一个小丑打诨，正在他们捧腹大笑时，会在小丑的眼睛里看到凄凉的眼神。小丑在微笑，他的笑话越来越滑稽，因为在他逗人发笑的时候更加感到自己无法忍受的孤独。

一次坐飞机时，我在飞机杂志上看到了这样一段文字，是由英国小说家毛姆所写的，我被触动了。

早就有毛姆文字中那种对人性的理解，但毛姆的文字更有感觉，而我的文字则相对干涩却好懂一些。我的理解是，在人际关系中，若我们不是自在随心地呈现自己，而是玩策略，引起别人的注意，那么，凄凉与孤独就会袭击我们。

任何时候，通过玩策略而获得别人的关注，都会伴随着羞耻感与孤独。

不玩策略，该怎么办？科胡特给出的答案是，不含诱惑的深情。我爱你，向你坦承我的心，直接对你好，没有条件，没有防卫，也没有对你如何回应我的预期。同时，对你的回应，我的心又保持敞开。即，我在和你的关系中，我尊重你，并且，我向你敞开。

文学作品中，一旦有对不含诱惑的深情的表达，都会很触动人。

金庸小说《笑傲江湖》中，任我行、向问天与任盈盈被困在少林寺，要通过三局两胜的比武来决定他们的命运。若赢了，获得自由；若输了，要被关在少林寺一生。造化弄人，本来躲在少林寺的令狐冲要代表任我行一方，与师父岳不群对垒。

性格不羁但极重情义的令狐冲，在与亦师亦父的岳不群对战时，心神不宁，只守不攻，且守也守得魂不守舍。策略派大师任我行看在眼里，急在心上，暗示女儿任盈盈，要她站到令狐冲对面去。

任盈盈明白父亲的意思，但没照做，因她想：若令狐冲爱她，自然会考虑到她的处境；若是要她做了暗示，令狐冲才去为她考虑，那就没意思了。

任盈盈要的与给的，都是不含诱惑的深情。

美国科幻小说家阿西莫夫在他的系列小说《基地》中，也有一个类似的故事。骡，丑陋，但具备超能力，能控制其他人的内心，就像有一个量表一样，能精准地调控其他人的情绪、情感与思想。凭借这一超能力，骡统一了宇宙。

然而，骡一直没有用他的超能力对付一位女子。他想得到这女子的爱，若使用超能力，就轻而易举，但他不愿这么做，并觉得如果真这么做了，他的心就彻底绝望了。

他怀念他们初次相遇时的情形。那时，骡伪装成受害者，在一片海滩上慌张而无助地奔跑，后面有要捉拿他的人，而这位女子保护了他。

并且，这位女子是骡遇到的无数人中唯一没有被他丑陋的外貌吓到的人。她看待他，就像看待一个普通人。或者准确地说，是将他视为一个人而给予了尊重与呵护。

唯独她，给了他无条件的爱，也即不含诱惑的深情。其他人则是在刚看到他时，都被他丑陋的外貌吓到而远离他、鄙视他和抗拒他。但是，当他对他们使用了超能力后，他们都疯狂地崇拜他、爱戴他。

如果说任我行是玩策略的大师，那么骡就是玩策略的神。说到底，那样做的他们，都不过是作者笔下的超级小丑而已。真得到崇拜与爱戴时，他们内心的荒凉也会达到顶峰。

所以，骡期待着那女子继续给他不含诱惑的深情，不再只是尊重与呵护，更多的是爱情。

说到底，就算统治了全宇宙又能如何？成为世界的绝对掌控者，这并不能疗愈骡的自卑。所有的自卑，都是因爱的匮乏。所以，骡知道，要疗愈他的心，关键还是要一份无条件的爱。

电影中，当杀手们只是冷酷的杀手时，他们无所不能，但一旦爱上了一个女人，死亡就容易降临。比如，电影《这个杀手不太冷》。

但顶级杀手们还是一个又一个地被爱击中，他们都知道，这是救赎。

特别值得注意的是，骡品尝过不含诱惑的深情，他不能破坏这份感觉。结果是，他也有了超级杀手们的宿命，因这样一个失控的环节，而没有做到彻底统一宇宙。

任盈盈的心，也是金庸的心。

骡的渴望，也是阿西莫夫的渴望。阿西莫夫有恐高症，惧怕坐飞机，一辈子都在写全宇宙的故事。其实在现实生活中，他喜欢幽暗、狭窄的地方。从心理学的角度看，他也是被父母的有条件之爱锁在了一个很小的现实世界里，而驰骋全宇宙的想象则是他的一种自我救赎。

或许，我们每个人都持有任盈盈与骡的逻辑。我们知道，如果我要你怎样爱我，你才怎样爱我，那么，这种爱在得到的那一刻，一种失落就会侵袭我们。

所以，我们要的爱，都是发自对方的本心。他们不是因为我们对他们施加了什么影响才对我们如何，而是他们自己想这样爱我们。

是不是本心，特别重要。

没有敌意的坚决

除了不含诱惑的深情，科胡特还创造了另一个诗意的表达——没有敌意的坚决。不含诱惑的深情，讲的是如何去爱、去接近对方；没有敌意的坚决，讲的则是如何拒绝，如何将对方推远一些。

没有敌意的坚决，即我有一个坚定的、与你不同的立场，我拒绝你，不按照你的来，但是，我对你完全没有敌意。

以前，还不知道这个句子时，我有一个不够诗意的表达——温和而坚定。我坚定地守住我的立场，绝不动摇，但我的态度温和。

要做到没有敌意的坚决，需要一个健全的自我。通常，当别人攻击我们，或向我们索求我们不愿意给的东西时，我们会不高兴。但是，若拒绝别人，自己又会有愧疚感。这时，我们会怪罪对方："你为什么攻击我？你为什么向我提要求？"于是，我们会愤怒，将对方挡回去，而且还要在言语上让对方知道——"你错了"。

如此一来，愤怒保护了自己不愿被侵犯的疆界，而"我对你错"的游戏又捍卫了自己的自恋。

我的一位朋友，婚姻出了大问题，闹到了要离婚的地步。她特别受不了的是，丈夫会打电话攻击她，一打就是三四个小时。目的是要她承认，在某某事情上，他是对的，而她是错的。

她辩不过他，但她会耐心等待，等这个话题进行完了，丈夫有了"我对你错"的成就感后，她会再抛出另一个话题，说"在那件事情上你错了"。然后，他们继续争辩下去。

关系中，我们忍不住想统一思想、统一对错，即达成看法上的一致，好像这样关系才能维系。实际上，我们是两个人，看法上不可能一致，有各种各样的冲突也在所难免。这时，不必非得与对方闹，你可以很清晰地告诉对方："我有这样一个立场，在这一点上我很坚定，但这并不意味着你是错的，我也尊重你的立场。"

没有敌意的坚决与不含诱惑的深情，都有清晰的自我。我拒绝你，不是因为你错了；我爱你，并不是因为你做了什么，更不是要你回报什么，我就是爱你。

要做到这两点，关键都是：本真、自然，先接纳了真实的自己，就能面对别人的真实了。

做心理医生已多年，每周都有 15 个小时以上的时间聆听别人的故事，而且多是悲惨的故事。所以，总有人问起："别人向你倾倒那么多垃圾，你怎么办？"

其实，这根本不是垃圾，相反，是如珍珠般珍贵的礼物。特别是，当我与来访者构建了足够信任的关系后，来访者向我敞开心扉，原原本本、不带修饰地讲述他们的故事时，我常觉得是在听天籁之音。

甚至，当来访者的感受全然地流动时，我的心也懂得了他的感受，也跟随着一起流动。那一刻，会有恋爱的感觉。

我想，这也是任盈盈会爱上令狐冲的原因吧。他们刚见面时，任盈盈蒙面，而属下又尊称她为"婆婆"，所以令狐冲将她视为可敬的尊长，向她毫无保留地讲了自己对小师妹岳灵珊的爱与痛。

令狐冲对小师妹用情很深，这打动了任盈盈。但我想，同样难得的是一份毫无保留的袒露。他就是要倾诉，除此之外无任何目的，无策略、无诱惑。结果，毫无防卫的他，让任盈盈动了真情。

本心与本真，是最可贵、最值得珍惜的。这样一个简单的道理，大多数人却忘记了。

非常普遍的是，我们不认为真实的自己是值得爱的。我们认为，必须成为更有力量、更优秀、更会讨好、更会奉献……的某类人，才会获得爱。

也就是说，我们认为，必须拥有某些满足其他人的条件，我们才会从这些人身上诱惑出一份爱与认可。

所以，玩策略、缺乏深情的诱惑反而成了常态。

最极端的，是不含深情的诱惑，譬如一夜情。

最常见的，则是发生在父母与孩子间的有条件的爱。做父母的，若不懂得自己的本心与本真是最珍贵的，那么他们也做不到看见并尊重孩子的本来面目。他们若以为自己拥有什么条件才能被爱，那么他们也很容易给予孩子有条件的爱。

与恋人间不同，父母对孩子使用有条件的爱是极容易成功的，因孩子天然渴望得到父母的爱。假若父母对孩子行使诱惑，譬如用鼓励与夸奖的方式，向孩子传递信息说"如果你达到什么样的条件，我就会承认你"，那么，孩子会配合父母的策略，而朝父母所希望的方向发展。

但是，这样一来，孩子就远离了自己的本心与本真。

孩子若对父母使用诱惑，他们势必会有一种羞耻感。一位来访者说："当我想尽办法吸引父母的注意时，我觉得我就是个傻子。"要命的是，他发现，最初在和父母相处中形成的这种模式也延伸到了他生命中的每一个地方。他通过装小孩、装不懂、装好人等方式，讨好和逗乐身边所有的人。当有人吃他的这一套时，他一方面感到高兴，同时会生出悲哀感。完全如毛姆所描绘的那样，眼神越来越凄凉，而心中也涌起一种孤独感。

感到羞耻是因为你知道这些都是假的：你的策略，是假的；对方的高兴与认可，也是假的。

感到羞耻，也是因为你知道你背叛了自己的心。

围绕着父母如何管孩子，围绕着社会关系如何处理，围绕着恋爱与婚姻，会有各种各样的方法，教你如何使用策略，以成功地吸引到别人的关注。

除非你能证明，你能凭自己的本心与本真与别人相处、相爱，否则，你总觉得生命中有一个巨大的缺憾。

不仅如此，实际上，自在、随心地活着，一样也可以收获成功，甚至是更成功，远远超越使用各种策略所能获得的。

经典的例子是乔布斯，他在斯坦福大学的演讲已广为流传。演讲中，他一再强调的就是一句话："听从你的心。"

现实中，他也是这样做的。因为他坚持自己的原则，苹果公司的产品就是要追求完美。并且很有意思的是，乔布斯从不考虑消费者是怎么回事。他首先考虑的，是苹果的产品能否让他自己满意。

从客户的角度看问题，是消费心理学的关键所在。但在我看来，那些深谙此道的公司，最后都沦为对客户的讹诈。

我有位朋友去过乔布斯的办公室，知道他有一个200多平方米的房间，很空，最重要的就是那块打禅垫。挑选产品前，乔布斯会先打坐。心静下来后，他才让人把各种样品摆在面前，而他就是凭感觉，决定哪个要、哪个不要。

听到这个故事时，我想，我对苹果笔记本和手机的完美感与忠诚感，就是这样来的吧。

跟随自己的本心，这是所有超一流人物的共同之处。他们改变世界，不是因为迎合了世界，而是世界跟随了他们。

谁制造了乱世佳人的宿命

"一切仿佛是注定的。"

几年前，有一次重看电影《乱世佳人》，心中再次升起了这句话。

电影的结尾，白瑞德离开了斯嘉丽，要返回老家去寻找"美好的事物"，斯嘉丽冲出去想找回白瑞德。

然而，等她冲到院子里，有那么一刻，她呆住了，因为此时的情景曾一次次出现在她的梦里。在那个梦里，她对白瑞德说："我在迷雾中寻找什么，可谁也找不到。"

优秀的小说，总是容易读出宿命论的味道。然而，假若有命，命由谁定？

1993 年的暑假，我刚读大一，很害怕英文的我花了整整一个暑假读英文版的《乱世佳人》。很多地方似懂非懂，但还是被吸引，于是暑假结束后又在北京大学图书馆读了中文版的《乱世佳人》。

那时，还不懂得这部小说中隐含着的自传的味道，对作者玛格丽特·米切尔在小说中制造的宿命论颇有点儿瞧不起，甚至不自觉地将这部小说列入了二流小说之列。

但 16 年后再看电影《乱世佳人》，理解力已完全不同，寥寥几个细节，已然明白，这的确像是命中注定，问题只是：命是什么？

电影一开始，斯嘉丽的父亲骑着马在庄园里飞奔，宿命已开始。

那一瞬间，我似乎全然明白了这个著名的故事中的一切道理。斯嘉丽的父亲是颇有点儿粗鲁但顽强的爱尔兰人。那么，白瑞德呢，不也正是桀骜不驯而又坚强的男人？再看看艾希礼，他恰恰相反，是温文尔雅的英国绅士一般的男子。

由此，立即便可以明白，斯嘉丽为什么迷恋艾希礼。因为，艾希礼和她的爸爸是完全相反的男子。

套用我的理论，可以说，因为对自己的父亲有不满的地方，所以斯嘉丽头脑中发展出了一个"理想父亲"的原型，而这也是她长大后的"理想男人"的原型所在。父亲是粗鲁的，她理想中的白马王子就是儒雅的。

斯嘉丽最终明白，她并不爱艾希礼，她发现艾希礼是一个柔弱的男子，缺乏生命力。这时，她也明白，她爱的还是白瑞德，这个总是讽刺她、戏弄她，却将她照顾得无微不至同时又具有剽悍的生命力的男人。

不过，在我看来，"她不爱艾希礼"，这只是问题的一方面，只怕无论如何醒悟，像艾希礼这样的男人，仍然会对斯嘉丽有一种特殊的吸引力，因为靠近这样的男子，会让她觉得她的生命似乎圆满了。

更进一步讲，她并不能真正和艾希礼生活在一起。因为，其实她从来没有学会和这样的男子相处。她学会的，就是如何和白瑞德，也即父亲这样的男人相处。她可以和他们一样粗鲁无礼，一样残忍无情，但又在这种前提下找到相互欣赏和共处的方法。

然而，到底该如何和艾希礼相处呢？斯嘉丽并不知道，其实她也从来没有看清楚过艾希礼的真实存在。艾希礼的太太梅兰妮，一开始就知道艾希礼真实的样子，并尊重和爱他的真实。但斯嘉丽不同，她喜欢他的温文尔雅，但她是否喜欢他没有生命力呢？她是否能接受艾希礼其实根本无法依靠呢？

所以，尽管斯嘉丽迷恋艾希礼，但假若真和他生活在一起的话，她会很快就失望并不能忍受。那时，她才会怀念像父亲那样的男人的好。

与此相反的是，尽管她意识上一直讨厌白瑞德，其实他们是天作之合。他们都知道如何刺激对方、如何挑逗对方，同时又知道如何相处，这种相处中有着许许多多的默契。这种默契不需要再学习，因为她早已在和父亲的相处中学到了。当然，相当一部分的学习要归功于她的黑人奶妈玛格丽特。

类似的故事，我在我的周围也屡屡发现。很多人憧憬着与某类异性交往，可是当对方真要接受自己时，他们却开始莫名其妙地退缩，最终选择了自己貌似不喜欢的异性。接下来，他们和配偶在婚姻中战争不断，同时也不断思念那梦中情人的美好。但这永远是水中月、镜中花，他们并不敢真正接近，那会令幻想破灭。

这不只是斯嘉丽的宿命，也是故事中白瑞德、艾希礼和梅兰妮的宿命。

斯嘉丽迷恋艾希礼，是因为艾希礼与自己的父亲正好相反。这个道理也可以用在梅兰妮对斯嘉丽的喜爱上——她之所以那么喜爱斯嘉丽，是因为斯嘉丽和她完全相反。是的，斯嘉丽有些残忍，有些为所欲为，而梅兰妮无比善良，极其善解人意。

但是，在似乎完全美好的梅兰妮心中，是否藏着一种渴望——一种想做斯嘉丽那样为所欲为又无拘无束的女子的渴望呢?

人性是矛盾的，这导致我们有时候看上去在某一方面很极端，例如梅兰妮的善良就达到了一种极致。但人性又是渴望圆融和平衡的，若只有某种极致，一个人就会失去平衡，所以在这一方面达到极致的人，会和在相反的那一方面达到极致的人莫名其妙地纠缠在一起。所以，梅兰妮会喜欢斯嘉丽，这可以从她第一次见到斯嘉丽时找到答案。她当时由衷地赞叹说:"斯嘉丽，我多么喜欢你的活力。"

艾希礼也一样，他和他生命中最爱的女人都是儒雅而柔弱的，那么，斯嘉丽又为何不对他构成致命的诱惑呢? 他是那么善良，而他又是那么离不开梅兰妮，所以他最多只能和斯嘉丽有一吻。

那一吻产生后，梅兰妮对斯嘉丽似乎没有任何嫉恨。表面上，她说，她相信艾希礼和斯嘉丽，深层中，她是不是对斯嘉丽也有一种渴望呢?

同样，我们会看到，白瑞德对梅兰妮无比敬重，称梅兰妮是他遇见的"唯一真正的好人"。这样一个"唯一真正的好人"，会平衡他和斯嘉丽为所欲为的世界。

其实，可以推测，白瑞德的妈妈要么像斯嘉丽，要么像梅兰妮，像斯嘉丽的可能性会更大一些。看起来，他的宿命，是他成年后和斯嘉丽的纠缠，但这种宿命，首先是他和他妈妈的命运的纠缠。

并且，白瑞德和斯嘉丽的命运，从他们第一次相遇就可以看到，这将是一个悲剧。

这是由他们的互动方式所决定的。白瑞德很会刺激斯嘉丽，他说："我知道你是什么样的女人，你别玩游戏了，你和我一样自私，我们是一伙的。"然而，他又说，"我愿意宠爱你这样的女人。"

这都是真的，电影和小说中，我们都可以看到，白瑞德甘愿为斯嘉丽付出一切。但这都只是他内心的一部分。他内心藏着的另一个问题是："像你这样的女人，假若我为你付出了一切，你能不能真正爱上我呢？"

这是一个没有达成的愿望。他首先在妈妈那里玩过。假若他妈妈像斯嘉丽一样自私任性、为所欲为，而且有点儿残忍，那么这个愿望不可能实现。

未能达成的愿望是一个诅咒，他对此不甘心，所以，他长大后要找一个像妈妈那样的女子，再玩一回类似的游戏，希望这次能实现这个未达成的愿望。

这次，从根本上讲，他是达成了愿望的，因为最后斯嘉丽终于明白，她爱的不是艾希礼，而是白瑞德。

但是，无论梅兰妮如何澄清，白瑞德都不相信，他还是相信斯嘉丽更爱艾希礼。

这是一个"自我实现的预言"，或许白瑞德在艾希礼这种男人面前是自卑的。他的原生家庭中，有这样一个男人吗？譬如父亲或兄弟？在与这个男人竞争妈妈的爱时，他成功了，还是失败了？

假若是失败的，那么在白瑞德看来，这是宿命的重演。

其实，这也是他的追求。当他从欧洲回来，见到斯嘉丽的第一句话，就充满了嘲讽。结果，令本来想向他表达满腔爱意的斯嘉丽立即变成了一只刺猬。他们又一次开始相互伤害，玩起了这种他们不需要学习就会的游戏。

最后，完美的梅兰妮死了。尽管虚弱，但她是能平衡这四个人的中坚力量，没有了她，他们之间错综复杂的关系立即崩溃了。

所以，白瑞德才说，他要离开斯嘉丽回到家乡，去寻找美好。梅兰妮是美好的，那么，他家乡的美好又是谁？他的寻找将要遭遇的，会不会和斯嘉丽一样是一团迷雾？

《乱世佳人》的小说和电影都感动了无数人，已经成为传奇，那是不是因为，我们都生活在这种宿命中？我们看不破自己人生的那团迷雾？

其实，《乱世佳人》也是作者玛格丽特·米切尔的自传。小时候，她是如梅兰妮一般善解人意的女子。成年后，她变成了斯嘉丽。她的第一任丈夫是艾希礼一样的男子，而第二任丈夫则像白瑞德，并且名字就叫瑞德。

并且，她预言自己会死于车祸，后来果真死于车祸。但是，车祸到底是偶然发生的，还是她所追求的呢？

假若玛格丽特·米切尔有卡夫卡的风格，相信她的小说就不只是靠故事打动人，而是会多很多哲学式的思考，宿命论也会浓厚得多。

这种哲学式的思考，我常常看到，其实不过是对自己人生的一种拔高，或者说是一种逃避。

一个男子对我说，他有一种很深的信仰，觉得一切都是注定的，无论他怎么挣扎，结局都不会改变。

这听起来很哲学、很宿命，假若辩论起来，也极有说服力。但我知道，根本在于，他的父母控制欲望极强，一切都帮他安排好了，他只能接受而不能反抗。

《再劫面包店》——未被实现的愿望的诅咒

日本小说家村上春树在他的短篇小说《再劫面包店》中写了这样一个莫名其妙的故事：

一天夜里，刚结婚不久的小两口突然醒来。两个人都饿得不得了，把家里所剩无几的食物扫荡一空之后，那种饥饿感仍然"无比凶猛"。

这不是一种正常的饿，妻子说："我从来没有这么饿过。"

这时，"我"不由自主地回了一句话："我曾经抢劫过面包店。"

"抢劫面包店是怎么一回事？"妻子揪住这句话问了下去。

原来，年轻时，"我"曾和最好的哥们儿去抢劫面包店。不是为了钱，只是为了面包。

抢劫很顺利，面包店老板没有反抗的意思。不过，作为交换，他想请两个年轻人陪他一起听一下瓦格纳的音乐。两个年轻人犹豫了一下，还是答应了。毕竟，这样一来，就不是"抢劫"面包，而是"交换"了。

于是，在陪着老板听了瓦格纳的音乐后，两个年轻人"如愿以偿"地拿着面包走了。

然而，"我"和伙伴非常震惊，连续几天讨论是抢劫好，还是交换面包更好。两个人理性上认为，交换非常好——毕竟不犯法。但是，从直觉上，"我"感受到一些重要但不清楚的心理活动发生了，"我"隐隐觉得还是不应该和店老板交换。相反，该用枪威胁他，直接将面包抢走才是。

这不仅是"我"的感觉，也是伙伴的感觉。后来，两个人莫名其妙地再也不联系了。

对妻子讲述这件事时，"我"说："可是，我们一直觉得这其中存在着一个很大的错误，而且这个错误莫名其妙地在我们的生活中留下了一道非常黑暗的阴影。毫无疑问，我们被诅咒了！"

"不仅你被诅咒了，我觉得自己也被诅咒了。"妻子说。

她认为，这就是这次莫名其妙而又"凶猛无比"的饥饿感的源头。要化解这种饥饿感，要化解这个诅咒，就必须去完成那个没有完成的愿望——真真正正地再去抢劫一家面包店。

最终，新婚的两口子开着车，拿着妻子早就准备好的面具和枪，"扎扎实实"地去抢了一次面包店——一家麦当劳。

我是在2000年第一次读的这个短篇小说，当时觉得莫名其妙，村上春树到底在说什么啊？真是一篇怪诞的小说。

前不久，在和几个心理医生朋友闲聊时，我仿佛忽然彻底明白了村上春树这个短篇小说的寓意：未被实现的愿望，具有多么强大的力量！脑子里蹦出这样一句话后，感觉记忆中藏着的许多恍恍惚惚的事情都在刹那间得到了无比清晰的解释。

譬如，美国男子盖茨比是一个亿万富翁，他再次遇到了前女友戴西。戴西因渴望纸醉金迷的生活，早已嫁给一个纨绔子弟汤姆。汤姆的家族已没落，但戴西仍浑身上下散发着对物质生活的渴求。不过，盖茨比对戴西仍痴迷不减，继续狂热地追求她，并用巨资资助她的家庭。然而，戴西仍和以前一样，不在乎盖茨比，不仅和丈夫一起利用他，甚至参与策划了一起车祸，害了盖茨比的性命。

这是没有结果的初恋留下的诅咒。对盖茨比而言，没有在戴西身上实现的愿望犹如一个魔咒，他似乎只有实现了这个愿望，这个魔咒才能解除。这是美国作家菲茨杰拉德在他的小说《了不起的盖茨比》中所描绘的一个悲剧。

现实生活中也有许多例子显示，不曾完结的初恋是最常见的魔咒之一，令许多人为之付出巨大的精力。

2006 年 6 月，一家媒体报道了这样一件事。80 岁的老人马德峰在长达 47 年的时间里，一直在寻找初恋女友，最终通过这家报社得以圆梦，知道了初恋女友的下落。

这种未能实现的愿望，为什么会有如此巨大的能量？

对此，可以用完形心理学给予解释。完形心理学是源自德国的一个心理学流派，其核心概念就是"完形"。大概意思是，我们会追求一个完整的心理图形。有始有终的初恋，不管结果是两个人走向婚姻的殿堂还是分手，只要有明确的结果，就是一个完整的心理图形。然而，假若初恋无果而终，就是一个没有完成的心理图形。那么，我们会做很多努力，渴望完成它。

马德峰老人和初恋女友因为组织的反对而不能结婚，这不是自己意志的结果。并且，分手后，两个人就失去了联系。这两个原因加在一起，导致马德峰在这件事上的心理图形有很大的不完整感，这是令他在后来的47年间不断寻找初恋女友的重要动力。

马德峰老人的这种心态其实并不罕见，有报道称，山东青岛一家机构甚至专门推出了一项特别服务——"代孤独老人寻找初恋情人"。

她现在为五年前活，五年前为十年前而活

完形的概念固然不错，但相对而言，我更乐意从"意志"这个词来分析这些事情。

此前，在《定律一：成为自己》中，我写到，心灵成长的第一定律是"成为自己"。也就是说，我们要为自己的人生做选择，为自己的人生负责。换句话说，"成为自己"其实就是"意志的胜利"——我们渴望自己的意志能得以展现并获得胜利。

我们的意志无处不在，并且很容易受到阻碍。于是，我们也很容易有许多愿望不能实现，由此很容易受到"未被实现的愿望"的诅咒。

一个读者给我写了一封信，讲述她的人生多么苦难重重。她的信很长，故事的梗概是，十年前，她爱一个男子A，但父母给她介绍了

一个男子 B，并且逼她嫁给 B。她一直是乖乖女，于是答应了。

然而，对 A 没有实现的情感就成了一个魔咒。五年后，她遇到了 A，情感大爆发，疯狂地和 A "陷" 到了一起。但 A 已结婚生子。虽然和她缠绵在一起，但他并不想拆散自己的家庭。她有很强的道德感，没有责怪 A，没有强行拆散 A 的家庭，最终离开了 A。

但又过了五年，她陷入了深深的苦恼。她恨 A 为什么不和她在一起，也恨自己，抱怨自己为何当时没有对 A 大发脾气，为什么表现得那么好。

读完这封长信，给我的感觉是，她似乎一直生活在过去，她的行为似乎一直是过去数年前被压抑的愿望的展现。她不尊重自己此时此地的感受、此时此地的愿望，反而压抑它们。她以为，这些感受和愿望可以轻易被否认，轻易被压制。然而，过了数年后，这些未被实现的愿望成了无比强大的力量，就如魔咒一般诅咒了她，令她不能自拔。于是，现在她为五年前的愿望活着，五年前又为十年前的愿望而活着。总之，她一直不能生活在此时此刻。

读这封长信的时候，我一度感到非常难受，觉得她信中充满抱怨，宛如祥林嫂一般。然而，略一沉思，我很快明白了，这是一个极其普遍的现象。其实，我们每个人都有无数愿望被压制，我们现在所表达的，常常是过去被严重压制了的愿望。

最常见的现象是，小时候，我们所产生但不能实现的诸多愿望都会在长大后表达出来。哪怕这些愿望看上去十分不合理，它们也仍然有着无比强大的力量。尽管我们理智上意识到了它们无比不合理，却难以摆脱它们的控制，就像着了魔一样。

譬如，许多女子喜欢有暴力倾向的男人，认为那样才有男人味。她们对通常意义上的好男子是没有什么兴趣的。

如果仔细聊下去，我们就会发现，这些女子通常都有一个暴戾的老爸，她们挨过老爸的训斥、暴打，受过严格的管教。在她们的心底，一方面对老爸有愤怒，另一方面又有过强烈的渴望——渴望通过自己的努力改变老爸的暴力倾向，让他能对自己好一些。

然而，童年的这个愿望，和几乎所有试图改造父母或其他重要亲人的愿望一样，99%会失败。于是，这个没有被实现的愿望深埋在心底，仿佛成了一个魔咒，到成年时发挥了巨大的作用，令她们会莫名其妙地痴迷于那些暴力的男子。尽管遭受了许多折磨，她们仍执迷不悟。

我自己也不例外。小时候，由于一些原因，我很少玩耍。这个行为看上去是我主动选择的结果，但是，孩子没有不贪玩的。这是孩子们的自然愿望，也是一个必经的心理阶段。童年时，我的这个愿望没有实现，结果它被压到心底，成了我的一个魔咒，到成年后反而剧烈地爆发了出来。读研究生期间，我曾长时间严重地迷恋电脑游戏，有两个游戏打到可以说是"全球无敌手"，甚至工作后也仍然会偶尔消失一段时间，疯狂地打电子游戏。

这是一种愿望的弥补。童年时所失去的，成年后又追了回来。

现在，常有报道说，某名校的大学生因沉溺于网络而挂了许多科。为什么会这样呢？一些详尽的报道给出了答案：这些沉溺于网络的大学生，从小到大一直在亲人的严格管制下刻苦学习，普遍缺乏玩耍的机会。由此，他们对网络的沉溺，其实常常是对被压制的愿望的弥补性表达。

重读《再劫面包店》后，"抢劫面包店"就成了我和心理医生朋友们调侃时的一个口头禅，因为我发现，"着了魔一样去展现未被实现的愿望"确实能够解释无数现象。

前面提到的都是一些很重要的愿望，但也有很多时候，我们会被一个未能实现的很小很小的愿望所诅咒，而去干一些傻事，犯重大的错误。

村上春树在他的长篇小说《挪威的森林》中细致地描绘了这一现象：女主人公绿子渴望男主人公渡边陪她过夜，渡边怕违反学校的纪律不敢这样做。于是，绿子对他说，如果他不愿意陪她，她就会坐在地上哭，哪个男人第一个过来和她搭讪，她就和这个男人睡觉去。

渡边只是违逆了她一个小小的愿望，她却想为这个未能实现的愿望去犯一个重大的错误。这是意志的骄纵，也是意志的较量。渡边爱绿子，最后让了步，冒着被学校发现他违反纪律的危险，陪了绿子一夜。

恋人和政客一样，常玩意志的引诱游戏

在恋爱中，还有意志的引诱。所谓"意志的引诱"，就是一方用各种方式，让对方主动为自己做一些事情。这样一来，对方投入了自己

的意志，他就渴望看到这个意志的结果，于是很容易陷入这份情感中。由此，所谓的"情场高手"，不会一味地付出。相反，他们会想尽办法引诱对方多付出。因为他们知道，一旦对方有了一点儿意志的投入，就会渴望见到自己意志的结果。这时，他们就会大有文章可做。

古罗马诗人奥维德在他的名著《爱经》中描绘过这种技巧。奥维德奉劝恋爱中的男子说，可以慷慨许诺，让对方以为她可以得到很多，并先给予对方回报。但是，你只给出许诺的一小部分，总之要低于她的"回报"。这时，因为她投入了她的意志，并且看到她的意志没有得到相应的回报，同时她多少又相信你的许诺是真心的。于是，她会加大自己投入的力度，以换取你兑现承诺。这样一来，双方的投入进一步失衡。她的心里会有更多的不甘，于是她继续加大投入力度，最终成了一个恶性循环。她的投入越来越多，但总不能获得意志的胜利。于是，她越来越不甘心。

不仅男子会玩这样的游戏，女性一样会玩这样的游戏。在我收到的许许多多读者的来信中可以看到，这些苦恼的人不知不觉中陷入了对方精心铺设的陷阱。表面上，他们是不甘心，是要求对方兑现曾经的承诺，实际上，他们渴求的是意志的胜利。

也正是因为这一点，才有许多人在爱情中有意无意地制造迷局：尽管无比渴望和对方在一起，但仍然刻意矜持、刻意保持着距离，因为他们知道，"得不到的才是最好的"。这的确是一个真理。

这种意志的勾引，并不仅仅限于爱情，在其他领域也很常见。

有一个笑话说，两个乞丐打赌，乞丐 A 对乞丐 B 说，他能赢得路过的一个贵妇人的亲吻，乞丐 B 不信，于是两个人立下赌注。最终，乞丐 A 赢了，他用的办法很简单，就是先求那个贵妇人帮他一个小忙，然后再帮一个大一点儿的忙……这样一点儿一点儿地升级，最后，他顺利地求得了贵妇人的一个吻。

乞丐 A 对贵妇人所玩的，也是意志的勾引游戏。当贵妇人答应了乞丐 A 最初的微不足道的帮忙时，她就对这个乞丐投入了意志。由此，她也看到了自己的意志有一个结果，而乞丐 A 借此逐渐升级自己的要求，最终得逞。

这也是政客们常玩的游戏。美国政客克里斯·马修斯在著作《硬球：政治是这样玩的》中写到，让选民记住自己的绝招并不是帮助选民，而是求选民"帮我一个忙"。马修斯写到，人性是以自我为中心的，如果一个人感觉他欠了你的，他就会倾向于忘记你。相反，如果你欠了他的，那么他就会一直记得你。

在选举中，意志的勾引极其重要，一旦一个选民对一个候选人投注了自己的意志，不管这个意志多么轻，他都会渴望见到自己意志的胜利，于是会继续支持这个候选人，直到看到他胜利。从这一角度来看，这个候选人的胜利，被这个选民当作了自己意志的胜利。

警惕"愿望的接力"

《再劫面包店》中，本来"我"的意志是抢劫面包，如果成功，就是"我"的意志的胜利。然而，面包店老板用瓦格纳的音乐做了交换，就将"我"的意志抹去，变成了他的意志。意志的较量可能是人际关系中最普遍的现象，并且关系越亲密，这种较量可能越常见。于是，最亲密的关系不仅最可能是温暖的港湾，也最可能是相互的地狱。

在家庭中，我们最容易见到意志的强加。例如，上一代人没实现的愿望，强加到下一代人的身上。这可以被称为"愿望的接力"。与接力赛不同的是，下一代人的生命意志被严重压制了。

美国心理学家弗兰克对我讲过这样一个真实的故事：

美国男子斯科特从最好的法律院校以最优异的成绩毕业。拿到学位的当天，他乘飞机去了西班牙，从此再也没有回过家。父亲梦想让他做律师，但他以极端的方式羞辱父亲——在西班牙的一个岛上以贩卖毒品为生。

这种羞辱，其实是斯科特试图对父亲的意志说"不"。原来，斯科特根本不想学法律，是父亲逼他学的，父亲将自己的意志强加在了斯科特的身上。父亲为什么这么做呢？原来，他不过是通过儿子来完成自己未能实现的愿望。成为一名律师，是斯科特的父亲的梦想，但遭到了斯科特的祖父的强烈反对，斯科特的祖父强行要求斯科特的父亲接手了家族的生意。于是，斯科特的父亲的意志失败了，愿望被压制了。最终，他试图通过儿子来实现自己未能实现的愿望。

小时候，斯科特不能对抗父亲的意志。长大后，他有了自己的力量，开始肆意表达自己的意志。父亲想让他成为律师，结果他成了一个犯罪分子。父亲不让他养小动物、小植物，因为父亲认为这是"娘娘腔的爱好"，而他在家里的阳台上种满了植物，还养着七只宠物龟。他还在打造一艘船，梦想环游世界。

许多家长不明白，自己一直在教导孩子做一个守规矩的好人，但为什么孩子最后变成了一个"坏蛋"？那么，斯科特这样的故事就是答案。

在我的博客上，一个网友表达了同样的心理。她写道："小时候，老妈总是不给我吃甜筒。长大后，我吃雪糕就独爱甜筒，不明所以地执着，也是这个道理吧？"

所谓的"儿童多动症"，也可以在这一点上找到部分原因。我所了解的一些儿童多动症的案例，他们无一例外地都在家中受到了太多限制，这个不能做，那个也不能做，一切都要听大人的。结果，他们的意志受到了极大限制，他们心中有无数未被实现的愿望。也就是说，他们遭受了无数大大小小的诅咒。他们的多动症，其实只是在表达无数被压制的愿望而已。

解决之道：承认失去，学会悲伤

我们渴望成为自己，这是最大的生命动力。同时，我们又渴望关系，这几乎是同等重要的生命动力。

然而，关系，尤其是亲密关系，一方面给了我们极大的幸福和快乐，另一方面也是关系双方意志的较量，从而会给我们留下许多未被实现的愿望。

那么，我们该怎么办？难道只能任凭这些魔咒来控制我们吗？譬如，小时候没有玩耍过，大了就必须得放肆一回？以前没有得到某个人的爱，以后必须想尽一切办法得到他？第一次抢劫面包店没有成功，被老板"戏耍"了，就必须再劫面包店？

当然不是，其实还有一个简单直接的化解办法——接受失去，学会悲伤。所谓"接受失去"，就是直面事实，承认有些东西的确已经失去了，这是不可逆转的事实。当这样做时，我们势必会悲伤。接受的失去越大，所承受的悲伤就越重。

以前，我在《感谢自己的不完美》一书中提到过一点：悲伤，是完结的力量，几乎是帮助我们告别悲剧的唯一途径。

学会悲伤，也许是最重要的人生智慧之一。只有学会悲伤、懂得放弃，我们才会从无数大大小小的魔咒中解脱出来。

悲伤，是精神分析学派的心理医生做心理治疗时的一个核心工作。敏锐的心理医生随时会发现，来访者的许多问题都是因为没有接受失去并学会了悲伤。

譬如，假若我在读大学时接受了心理治疗，那么，我就会在心理医生的帮助下说出这样的话："是的，童年时做小大人，没怎么玩过，这是一件很不快乐的事，是令我非常非常难过的事情。以前，我不愿意承认这一点。现在，我承认它是一个事实——是一个不可逆转的事实，承认在这一点上，我的童年的确不快乐。"

理性地说这句话是没有意义的，但假若我说这句话时，带着强烈的悲伤，甚至泪如雨下，那么，随着悲伤的表达，我也就做了一个结束工作，即结束了我心中的那个魔咒："不行！我一定要好好玩耍！我一定要把失去的弥补过来！"

如果盖茨比接受了已经失去戴西的事实，并为此深深地悲伤，他就不必再次沉溺于对戴西的迷恋了。

如果斯科特接受了事实，并为此深深地悲伤，他就不必一辈子生活在对父亲的叛逆中了。

如果你曾有令你痛苦的往事，那么，请承认它并为它悲伤。

相反，假若你心有不甘，拒绝承认自己的不幸，拒绝承认失败或失去，拒绝悲伤，甚至还强装笑脸，那么，不管你看似多么成功和快乐，其实你仍在继续遭受往事的诅咒。

警惕爱情的七个教条

发自内心的感觉，是我们判断事物唯一可靠的凭仗。

然而，如果没有学会尊重并信任自己的感觉，我们就会容易信任一些貌似正确的信条。

一旦我们过于依赖这些信条，它们就会成为僵硬的教条。

并且，这种信条很多本身就是片面的，甚至是错误的。

爱情是生命中最重要的事情，而爱情也是最难把握的。这时的感觉似乎过于纷繁复杂，于是我们容易不信任自己的感觉，而去信赖一些教条。这是非常危险的。

警惕爱情的七个教条

一、一个人越爱我，就会对我越好

这是关于爱情最普遍的教条之一，也是危害性最大的教条。

对于一个内心充满爱的人而言，这个信条是正确的。但对于一个内心充满恨的人而言，这个信条是错误的。

之所以如此，是由我们的内在关系模式所决定的。

假若一个人的"内在的父母"与"内在的小孩"的关系基本是和谐的，是相爱的，那么，这个人越爱你，就会对你越好。

但假若一个人的"内在的父母"与"内在的小孩"的关系是病态的，是相互对立甚至仇恨的，那么，这个人越爱你，就会对你越糟糕。

我们所有重要的外部关系，都是我们的内在关系模式投射的结果。并且，一个外部关系越重要，我们内在关系模式投射的程度就越厉害。所以，一个内心恨很多的人，他越爱一个人，就越是那个人的地狱。

几乎每隔一段时间，我们都可以在新浪网的社会新闻中看到男人杀死自己爱人的新闻，便是这个道理。

又如，多数连环杀手选择的攻击对象是有共同点的。譬如一个连环凶杀案的受害者都是红上衣和长头发的女子，那么，可以说，这一类型的女子便是这个连环杀手的梦中情人，是他所爱的对象。但他越爱她们，就越想攻击她们，因为他的"内在的小孩"与"内在的妈妈"

的关系充满暴力和仇恨。

当然，多数人的内在关系模式中既有爱也有恨，既有和谐的一面也有对立的一面。于是，多数人的爱情势必会爱恨交织。如果你渴望自己的爱情基本是温暖的、和谐的，且最好还有一个幸福、美好的结果，那么，一个简单的前提条件是，你和爱人的内在关系模式基本都是温暖、和谐的。

如果你渴望自己的爱情是轰轰烈烈的，爱到极致，恨也到极致，那么，这个渴望本身就说明你的内心是分裂的，是冲突的，而你也势必会去寻找那种内心严重分裂的人。

在自由恋爱的时代，只要爱人不是你被迫选择的，那么爱情中的幸与不幸其实都是你主动选择的。

所以，只要是自由恋爱，就应该试着不谴责对方，试着从自己身上找答案，然后主动选择，并承担选择的责任。

无论是谁，其内心一定是有分裂的一面的，并且这一面一定会在爱情中展示出来。你如此，爱人也如此。爱情既是两个人美好的一面淋漓尽致的展示，也是两个人分裂的一面淋漓尽致的展示。如果两个人都乐意承担各自的责任，那么两个人的内心都会得到很好的修复，爱情就起到了极大的治疗效果。

我们一定要看到爱情的这一面，否则很容易对爱情失望。

最后，我再次强调，尽可能地远离内在关系模式很糟糕的人，除非这个人有自省的能力。

二、越忘我的爱越珍贵

我们都渴望爱，但又不敢相信爱。非要看到对方给出爱的证明，我们才敢相信。

这种心理，女性尤甚。

那么，对方什么样的方式才算是最可靠的爱的证明呢？

很多人心中的答案是——最好是忘我的爱。假若对方忘我地爱我，甚至不惜践踏自己的尊严，那么他可以为了我的一丁点儿利益而舍弃他的一切，包括财富和生命……

假若你有这个自觉或不自觉的答案，那么等待着你的，便是地狱。

因为，一个人在追求你的期间越忘我，在关系确立后就越容易"忘你"。这种巨大的转变，会令很多人愕然，尤其是女子。她会认为，恋人追求自己期间之所以那么忘我，原来仅仅是抱着一个目的——得到她的身体。而一旦得到，他自私的本性就表现出来了。

这样的说法，会令男人看起来极其居心叵测，极其险恶。

居心叵测的男人肯定有，而且数量也不少。不过据我了解，多数先忘我而后"忘你"的男人是真诚的。追求期间，他们是真诚地忘我；关系确立了，他们是真诚地"忘你"。

因为，忘我和"忘你"是一个硬币的两面，是一体的。

我们为什么会痴爱一个人？其中一个重要的原因就是，我们将对方看成了"理想自我"。一个人的"现实自我"和"理想自我"的差距越大，他就越容易产生迷恋性的痴爱。

然而，一个人越迷恋爱人，他就越看不见爱人的真实存在。他看见的，其实是他投射到爱人身上的"理想自我"。

也就是说，他爱的并不是你，而是他自己。

假若没得到爱人，这个幻象就会永远不破灭，于是这个人就会永远爱得忘我。一旦得到了爱人，他就会发现爱人并不是他的"理想自我"。于是，他投射到爱人身上的"理想自我"就被他拿回了。爱人从他的"理想自我"变成了他自己，于是，"忘我"就变成了"忘你"。

这是"婚姻是爱情的坟墓"的一个关键原因。

当然，这个游戏是双方共同完成的。一个心态健康的女子，看到一个忘我地痴迷于她的男子，尽管意识上可能会被他感动，但本能上会觉得不舒服，觉得有些东西不合适，并因而远离这个男子。但一个内心缺乏自爱的女子，她过于警惕，难以相信一个男子的爱，必须看到那个男子忘我的爱，才能放下警惕，才以为这个男子爱自己。于是，被追求期间，她享受男人忘我的爱；关系确立后，她忍受男人"忘你"的折磨。

其实，只要用心去感觉，她就会发现，这个男子恋爱期间的"忘我"本身就是有问题的。他看似在"忘我"地爱，其实根本就不了解她，根本就没看到她的真实存在，他爱的只是他投射到她身上的幻想而已。

这个道理，用到女子身上也是一样的。恋爱期间，极其"忘我"的女子一样容易是爱人的地狱。

三、年龄越大，越懂得关爱

这句话建立在一个前提之上——人们都是爱学习、爱自省的。

很可惜的是，相比之下，另一句俗话更准确："江山易改，本性难移。"

也就是说，一个懂得爱的人，会一直懂得爱，但一个不懂得爱的人，会一直不懂得爱。爱的能力，和年龄的关系不大。

如果用内在关系模式的概念来解释，就很容易理解了：懂得爱的人，即"内在的父母"与"内在的小孩"相爱的人；不懂得爱的人，即"内在的父母"与"内在的小孩"不相爱甚至相对立的人。

恋爱，其实是将我们在童年与父母等家人形成的内在关系模式淋漓尽致地投射到成年后与爱人的外部关系上来。于是，童年与家人关系和谐的人，恋爱时与恋人的关系较容易达到和谐；童年与家人关系冲突太激烈的人，恋爱时与恋人较容易发生冲突。

这种投射是相当恒定的，与年龄的关系不是很大。

一个内心较和谐的人，会愿意自省。于是，对这样的人而言，他的确是随着年龄的增长，越来越懂得爱。

然而，一个内心冲突太激烈的人，会拒绝自省。对他而言，他的年龄越增长，遭遇的爱的挫折越多，内心越自卑，越抵触反省，爱的能力可能反而越差。

四、对朋友好，对我会更好

一些所谓的"恋爱手册"都提到过，要看一个人，可以借鉴他与朋友或同事的关系。假若他与他们相处融洽，那么他就会与你相处融洽。

我一度以为这个说法是正确的。然而，了解了无数爱情故事后，我发现，无论对男人还是对女人来说，这一点的借鉴意义其实有限。

因为，不管一个人看起来多么在乎他与朋友或同事的关系，这种关系所产生的情感深度仍然远不如情侣关系。于是，一个人在处理与朋友和同事的关系时，可以较好地运用理性，会控制自己的情绪。但是，在深度的情侣关系中，没有谁愿意控制自己。

所以，我们常看到这样的现象：许多人对配偶和孩子很冷漠，对外人很热情。

这种现象看起来匪夷所思，其实很好理解。因为对外人，他可以控制自己的情绪，在这种情感深度不强的关系中展示自己好的一面。但对亲人，他不愿意也没法控制自己的情绪，就展示了自己真实的一面。

于是，一些内在关系模式很糟糕，同时又特别有心计的人，会出现极其可怕的分裂：在外面简直像个圣人，在家里却是一个不折不扣的暴君。

那么，该怎么办？该怎么去判断这个人？

方法其实很简单，就是根据你自己的感觉。如果这个人以前谈过恋爱，有过深度的亲密关系，试着去了解一下他在这个亲密关系中的真相。

判断一个人内在关系模式的最好办法是看他的亲密关系。如果这个人对外人很糟糕，但和亲人——尤其是配偶的关系平等而和谐，可以说，这个人的内心是比较健康的。他对外人的糟糕态度，可能是理性学习的结果，改起来比较容易。如果这个人对外人很好，但和亲人的关系充满冲突甚至仇恨，可以说，这个人的内心是有问题的，并且这一点改起来相当不容易。

五、他说我不行，那一定是他行

男权社会要求男人行，男权社会的女性也渴望男人很行。

尽管现代社会不再那么男权主义了，即便有些女性自己很行，不需要男人太行才能生存了，但"男人相对行，女人相对不行"这种观念仍然深藏在我们的潜意识深处。可以说，这是目前每一种主流文化的集体无意识。

男人让女人相信自己行的方式有两种：一、展示自己的优点；二、否定女人的优点。

假若一个男人的内在关系模式是"我行，你也行"，那么，他会倾向于使用第一种方式，而较少使用第二种方式。

假若一个男人的内在关系模式是"我行，你不行"，那么，他会倾向于使用第二种方式，而较少使用第一种方式。

假若一个男人的"我行，你不行"的程度非常严重，那么他会将第二种方式当作常态方式，频繁否定自己所爱的女人。

有趣的是，在恋爱期间，很多女人因频繁地被恋人否定而自信心受到很大打击后，她们的想法居然是："既然你总是说我不行，那你一定行了。既然如此，我就靠你了。"

最后，她们发现，和她们生活的男人会几十年如一日地否定她们。

这时，她们有了愤怒，有了窒息感。并且，男人自己的能力也不怎么样，甚至很糟糕。

女人有时也会频频使用否定恋人的方式，但她们即便使用，一开始也是比较隐蔽的。相比之下，男人仿佛获得了否定女人的资格似的。甚至一些女强人对我说，假若她们的自信没被男人严重摧毁，她们对恋人就会缺乏感觉，会觉得他们不足以让自己依靠。

所以，这也是一种双重奏。漫长的男权社会制造了这种集体无意识：女人就是不行，男人就是行。于是，在一个男人面前，如果女人产生不了"我不行"的感觉，似乎爱就难以产生。

男人多少都懂得这一点。于是，男人普遍习惯于否定女人，也习惯伪装得很行。并且，自己越自卑，就越伪装得"我很行"。他越伪装，就越对所有会唤起他自卑的信心敏感，于是就越要打压自己所爱的女人的自信。

然而，说"你不行"和"我行"并没有必然联系。

六、受过伤，会更懂得珍惜

很多男人在发展新的恋情时，常做的一件事是诉苦。他们将自己以前的感情描绘得那么糟糕，将自己的前女友或前太太描绘得那么可怕，于是作为倾诉对象的女子的母性被触发了。

并且，一些女子爱上这些男人时会想，他们既然受过伤，那么会更懂得爱，更懂得珍惜我。

有时，女人也会向男人诉苦，而一些男人的保护欲望就被激发了。

然而，作为倾诉对象的人忘记了一点，倾诉者是自由恋爱，以前的恋人是他们自由选择的，他们应该为自己的选择负至少一半的责任。

我们常讲，人应该吃一堑长一智，但这只是愿望。事实是，具有这种宝贵素质的人总是少数，而多数人的人生总是在同一个地方摔跤，而且连摔跤的姿势都一模一样。

所以，假若追求你的人，以前的感情生活一团糟，那么，他和你的前景更大的可能性也是一团糟，而不是突然变得更好。

除非这个人有这样的素质：他在向你倾诉时，很少描黑对方，而主要是在反省自己的责任。不过，假若一个人具备这种素质，你会较少听见他诉苦。

有时候，你会发现，自己和他以前的恋人迥然不同，似乎你有足够的证据显示，你与他，会与她和他是完全不同的。

从你所扮演的角色来看，从他所扮演的角色来看，似乎的确如此，但从整个关系的角度来看，这次感情和上次感情其实是一回事。

一个女子是女强人，她操心前夫的一切，而她的容貌、收入和其他一切外在条件也都比前夫好。最后，这个"没良心的"还是离她而去了。他宁愿过着流浪汉一般的生活，也不愿意再回到她身边过锦衣玉食的生活。

这个女子很受打击，觉得自己很委屈，以前那么辛苦，但男人不买账。早知如此，何必当初。于是，她改变了择偶标准：以前，她倾向于选择柔弱的男子，那样才能激发她的保护欲；现在，她想找一个可以依靠的男强人。

　　她身边的男强人不少，而她的条件也不错，找到一个可以依靠的男强人应该不是什么难事。对她而言，看起来，事情完全不一样了。以前，她操心一切。未来，她的伴侣操心一切。

　　但是，从关系的整体上看，这仍然是一回事，以前的关系是控制与被控制的关系，以后的关系仍然是控制与被控制的关系。以前，她做控制者，她的前夫感到窒息，于是逃走了。未来，她做被控制者，就有机会去体会她的前夫所感受过的窒息感了。那时，她将和前夫一样会产生逃跑的冲动。

　　这种非此即彼的轮回，和简单重复的轮回，是一回事，都源自我们简单地将自己的内在关系模式投射到外部关系上了。

　　譬如这个女子，她的问题首先源自她的内在关系模式中的控制与被控制的程度太深了。于是，她的爱情中的控制与被控制的程度一样会太深。她有时以控制者自居，有时又以被控制者自居。不管是做控制者，还是做被控制者，她都渴望自己的亲密关系中有一个人操纵一切，而另一个总是服从。这种关系势必会出问题，控制方势必会觉得累，而被控制方势必会感到窒息。

　　假若她不改变自己的内在关系模式，那么她的爱情就会是一次又一次的轮回。

　　许多人拒绝反省，拒绝改变自己，而只是梦想着找到一个"正确先生"或"正确女士"，结果不过是在收获一次又一次的轮回而已。

七、有付出，一定会有回报

这种信念，放到事业上，基本成立，但放到感情上，基本不成立。因为我们常会看到这样的爱情：越付出，越没有回报。

在一个征婚网站上，我看到一个女子动人的个人说明。意思是，她会付出百分之百的爱，而且不计较男人怎么做。我相信她说的是真的，因为她的脸上都写着那种为了爱不顾一切的神情。

我给她写了一封信，建议她不必这么百分之百地付出，而且最好多少要计较一下男人对她的做法。

她最好这么做，否则一定会陷入不幸。

这种想法，看似非常伟大，其实是一种很深的自恋。有这种想法的人，其实没有看到对方的真实存在，她是自顾自地付出。她的付出是她自己的需要，未必是恋人的需要。

真爱是一定要看到对方的真实存在，从而看到对方的真实需要。要做到这一点，我们就得理解对方，能够放下自己，站在对方的角度，设身处地地为对方考虑。

然而，理解很难，而付出则相对容易多了，尤其是习惯了在自己原生家庭中付出的人，付出是他们的需要，是他们价值感的重要来源，是他们的强迫性习惯。想让他们不付出，反而成了难题。

并且，在感情中一味付出且对恋人没有丝毫要求，这种做法有时还隐含着这样的信息：我既然已经做得这么完美了，表示我可以问心无愧了，那么我们的关系中再有什么问题，都不是我的责任，而是你的责任了。

显然，这种行为透露着这样的信息：我是好人，而你是坏蛋。

这是一味付出者潜意识深处的信息，因为这一点，这种绝对的"好人"势必会找一个明显的"坏蛋"。例如，一个女子找了一个酒鬼，她痛不欲生，求他去做心理治疗，他成功地戒酒了。随后，他们莫名其妙地离婚了。而她随即又找了一个酒鬼男人，这样她就又可以玩这种归咎的游戏了——"我做得这么好，而你这么糟糕，你还有什么好指责我的？"

所以，在爱情中习惯扮演绝对付出者的人该好好反省一下，自己究竟在追求什么。

爱情是人生中的头号难题，是最大的快乐源泉，也是最大的痛苦源泉，所以围绕着爱情的危险教条非常多。我只写了七种比较常见的。不过，大家也不能将我的看法绝对化，否则它们也成为新的教条了。

我了解的所有爱情悲剧，都可以看到两个信息：第一，危险的信号很早就被当事人感觉到了，但当事人没有尊重自己的感觉；第二，每次自由恋爱导致的悲剧，都是当事人自己的特定心理主动推动的，不管你看上去多么无辜，做得多么完美，你的爱情悲剧至少有你一半的原因。

所以，一定要尊重自己的感觉，它比这些教条更真实、更可靠。

此外，一定要多从自己身上找原因，多反省自己，而不是总玩归咎于对方的游戏。

自省能力是最重要的人格特质，如果有人让我就该找什么样的恋人这一点提建议，那么我要提的第一条建议是，一定要找一个有自省能力的人。如果一个人缺乏自省、拒绝自省，那么，他那些看似美好的做法中，一定藏着危险的潜意识陷阱。

学校和家庭不该是"养鸡场"

一度，高校对大学生的严格管理成为热点新闻。

在青岛滨海学院（民办大学），有21名大学生被开除，原因是"搂抱""偎依""坐得很近""牵手"等"不同程度的身体接触"。

在长三角，浙江大学、南京大学等高校发布规定，禁止新生自备电脑，以防止他们沉迷于网络而不能自拔。

因这两起新闻，有评论说，我们的大学校园越来越像"养鸡场"，"不成熟的小鸡"被圈养起来，以帮助缺乏自控能力的大学生"健康成长"。

"养鸡场"的逻辑是，小鸡自己独立走路的话，会走歪，所以得由主人给它们划定一个活动范围和一条成长路线。

这个逻辑在我们这个国家无处不在，并集中体现在学校和家庭中。如果说这些大学是超大型"养鸡场"，那么，我们无数管理过分严格的中学、小学就是中小型"养鸡场"，而无数持有这个逻辑的家庭则是迷你型"养鸡场"。

然而，无论"养鸡场"掌控者的目的看似多么好，这个逻辑最终都会导向一个恶果："培养"出无数缺乏独立意志和独立人格的"好孩子"，以及无数叛逆成性的"坏孩子"。

"坏孩子"会令人头痛，而"好孩子"则会令人失望，因为他们势必会有一个致命的缺点——缺乏创造力。

因为创造力的源头是自由意志，是一个人对自己的感觉和判断的信任与尊重。如果总有人替他做主，总有人安排他的人生，其实就是在说："你的感觉是错的，你的判断是不可靠的。"一旦一个人失去了对自己感觉和判断的尊重，就不可能拥有丰沛的创造力。

我们国家提倡自主和创新，这可以放到每个人的身上来。一个人首先要自主，然后才会有创新。

如果我们国家变成了无数个"养鸡场"的大集合，那我们未来将面对的就是无数没有自主能力的青年，创新也无从谈起。

曾经有一段时间，我做了十多场讲座，面向企业、高校、机关和心理咨询机构。讲座的主题就是"从内在关系的角度看人格"。通俗地讲，就是"从关系的角度看性格"；如果加点儿噱头，那就是"性格如何决定命运"。

概括而言，这次讲座主要围绕两句话：童年时与重要亲人的关系决定了我们的性格，所谓"性格"主要就是"内在的亲人"与"内在的自己"的内在关系模式；我们后来的一生就是不断地将这个内在关系模式投射到外部人际关系上的过程，于是我们会把所有重要的外部人际关系都变成童年时的关系模式。

于是，人生就像是一个轮回，我们不断地重复一些幸福或苦难。这些幸福或苦难主要是通过人际关系实现的，这就是所谓的"性格决定命运"。

讲座中有一节的题目是"成为自己"。每讲到这一节，我都会请现场的听众思考一个最简单的问题："什么是关系？"

答案很简单，关系就是一个人与另一个人的互动。关系至关重要，我整个讲座的着眼点就是关系。

然而，究竟有多少家长懂得"关系"这个词的真谛呢？

许多家长说，他们看了我的文章后，做了很深刻的反省，发现自己和孩子的关系的确存在问题。

于是，他们会想，如果改变自己，这个关系就会改变，而孩子也会随之发生变化。

这个反思很好，但是常隐藏着这样一个逻辑：家长是亲子关系中的决定者，他们怎么做，孩子就会有什么结果。

当持有这个逻辑时，家长必然是将自己当成了孩子的塑造者。他会想当然地以为，孩子是一张白纸，他怎么在这张白纸上书写，孩子就会发展成什么样子。

这种塑造论，在我们这个国家非常流行，不仅在家中，而且在教育界也占据着主流地位。

然而，一旦持有这个潜在的逻辑，作为家长，你就彻底忽略了你与孩子的关系的真谛。

这个真谛就是，关系的双方（孩子与家长）都是独立的人，他们在这个关系中占据着同样的分量。

可以说，在亲子关系中，孩子的精神分量与家长的一样重。

并且，在孩子的成长过程中，孩子比家长更重要。他的主动探索，比家长的安排和指导更重要。一个孩子必须通过自己的独立探索，才能成为自己，才会拥有强大的独立意志和高度的创造力。

只有尊重这一点，一个家庭或一所学校才不会变成"养鸡场"。

管教太多是在扼杀孩子的生命

这是人本主义心理学和存在主义哲学最核心的概念：我们活着的终极目的，是成为自己。

成为自己，是美国人本主义心理学家罗杰斯的概念。换成马斯洛的说法，就是自我实现。他们是人本主义心理学的旗手和灵魂，他们都认为这是一个人生命的终极诉求。

如果换成存在主义哲学的术语，就是选择与自由。法国哲学家萨特称，自由最重要，而自由即选择，我为我的人生做选择，就是自由。

按照这些观点，孩子只有为自己的人生做选择时，他才是自由的，才能成为自己，走向自我实现。

相反，假若父母对孩子的干涉太多，频频将自己的意志强加在孩子身上，并认定自己的想法是正确的，而强迫孩子遵从自己的意志，这些看似有着良好意图的做法，其实是在扼杀孩子的精神生命。

很多被管教太严的孩子都有窒息感。国内一位心理学家曾让一个被管得太严的孩子用画画来表达自己的感受，结果那孩子画的是"一双手扼住了自己的咽喉"。这是孩子的真实感受——他的精神生命正在被管教者掐死。

这并不只是比喻或形容，而是实实在在的"被掐死"。最近几年，中学生和大学生自杀的事件越来越多，我认为最主要的原因是，家长们的控制欲越来越强。他们安排孩子的一切，严重剥夺了孩子们的自由，最终令孩子们的精神生命越来越弱。孩子们看似活着，却觉得好像没有活着。

被管教太严的孩子，也许会成为一个特别焦虑、特别渴望成功，从而特别努力的优秀人才。然而，他一定不会有卓越的创造力。

因为，创造力一定来自"内在的小孩"，如果"内在的父母"太强大，"内在的小孩"被严重压抑，创造力就不可能强。

这一点可以用意大利幼儿教育专家蒙台梭利的理论来解释。她认为，孩子一出生时就有一个精神胚胎，而不是一张白纸，更不是一个空瓶子。这个精神胚胎会指引这个孩子自发地探索，这个探索越自由，这个孩子的感觉就越丰富，而感觉才是智力、情商和创造力最丰沛的源泉。

孩子了解自己，还是大人了解孩子？

自由成长才能令孩子有丰沛的创造力

持"塑造论"的"养鸡场"的大人们把自己的意志强加在孩子身上时，最常说的一个观点是，孩子不知道怎么做好，所以他们应该替孩子做主。也就是说，这些大人总以为他们了解孩子，胜于孩子对自己的了解。

这个最流行的观点，也是一个最荒谬的观点。

三岁左右的孩子，有时会做这样的事：他要吃大饼，你撕一小块给他，他不干，把这一小块扔在地上，哇哇大哭；你把剩下的一大块给他，他也不干，只有一张完整的大饼才能让他破涕为笑。

温和的家长或许会觉得很好笑，尽管顺应孩子的需要，给了他一张完整的大饼，但还是觉得孩子太奢侈。严厉的家长则不会给孩子一张完整的大饼，反而会斥责孩子，甚至干脆揍他一顿，用暴力让孩子学会"正确"的节俭。

然而，在这样的例子中，自以为正确的大人们知道自己在干什么吗？

他们以为，自己是在塑造孩子的节约习惯，但他们可知道，孩子这样做，是因为正处于追求完美的敏感期？一张完整的大饼是完美的，被撕开了就不再完美。孩子因而哇哇大哭，这哭是因为他对完美的追求遭到了破坏。

大人们会认为，一张大饼远远超出了孩子的胃口需要。然而，究竟是胃口的需要重要呢，还是能形成完美感更重要呢？

其实，对于一个三岁左右的孩子而言，他根本没有奢侈与节约的概念。譬如，当他要饼干时，你给他一块小小的但完整的饼干，他也会像得到一张大饼一样心满意足。这种满足感不是源自贪婪，而是源自完美感得到满足。

"饼干碎了"是一个很流行的笑话，用来嘲笑一个人脆弱的承受能力。当持"塑造论"的大人们自以为是地嘲笑孩子甚至暴打"奢侈"的孩子时，有多少人真正懂得"饼干碎了"背后的真谛呢？

不要以为自己比孩子更懂他自己，哪怕对一个幼儿而言，也是他更懂自己，而不是你更懂他。

在蒙台梭利看来，孩子每一个自发行为都是精神胚胎发育的需要。这时，大人们只要保护、陪伴孩子就可以了，不必替孩子做主。在一个家庭里，假若大人们都这样做，那么这个孩子的精神胚胎就会出人意料地茁壮成长，大人们根本想象不到一个这样长大的孩子最终会变成什么人。

"塑造论"的核心逻辑——"你不知道你，我们比你更了解你"——会渗透到无数家庭的很多琐细的生活细节中。

"啃老"的种子通常是父母种下的

譬如，一个孩子摔倒了，摔疼了，他哇哇大哭，照料他的大人跑过来说："不疼，不疼，好孩子不哭。"

当这样说时，大人就是在把自己的意志强加在孩子身上。疼不疼，是孩子自己知道，还是大人知道？疼的感觉本来是大自然给一个人的馈赠，可以令他自动地懂得保护自己，从摔疼这一事件中吸取经验教训，大人却试图让他忽略甚至歪曲这一感觉。

又如，孩子吃饱了，不想再吃了，但大人用各种方法诱惑孩子继续吃，于是孩子最终吃成小胖子。大人看着孩子胖胖的觉得很开心，但胖是孩子的需要，还是大人的需要？吃少了，会觉得饿；吃够了，会觉得饱；吃多了，会觉得撑。这三种感觉会自动调节孩子的食量，但许多大人会自以为是地给孩子设定食量，于是许多孩子饮食失调。

再如，冬天来了，孩子加了件衣服准备出门，妈妈说："天冷，再加一件吧。"孩子说："我不冷。"妈妈则说："我都冷，你怎么会不冷？！"

以上这些都是很奇怪的逻辑，这种事如果经常发生，一个孩子就失去了依照自己的感觉来判断事情的能力，他只能通过别人或理性分析来判断。这样一来，他就失去了判断力，失去了对自己的感觉和判断的信任与尊重，最终也失去了创造力和自主性。

创造力是很美的东西，但没有这一点仍然可以继续生活。然而，自主性是很要命的事。一个总被安排、总被否定的孩子，他的自主性从来没有得到过很好的发展，他自然就没有了自控能力，于是比较容易沉溺于网络游戏或者其他事情中。

于是，就有了这样一个接力赛：先是家长接管孩子的意志，接着是中小学老师接管，现在又多了大学接管。最终，当这个孩子进入社会后，又是谁来接管他的意志呢？

一个最常见的结果是，家长只好继续接管。他们会抱怨孩子"啃老"，抱怨孩子没有自主生活的能力，但这个恶果的种子，一开始是他们自己种下的。

感觉比理性可靠，身体比头脑可靠

在我们这个社会，拥有自主性和创造力的人太少了，于是我们不容易看到它们究竟有多重要，有多美好。

我有幸看到不少这样的人，他们的故事表明，一个成为自己的人会是什么样的人。

先说我一个朋友的故事，她和不少心理医生聊过天，也爱和我聊天。心理医生的话经常充满玄机，她怎么判断这些话是对还是错呢？

多数人可能会想到，用头脑，用缜密的逻辑，用科学的知识……她不是，她的办法是"身体的抖动"。

她说："听到某句话，如果我的身体剧烈颤抖，说明这句话很对；如果只是抖动了一下，说明这句话有点儿道理；如果我一听就晕，说明这句话没有什么道理。"

这种判断方式很简单、直接，也很可靠。不过，这只是感觉，而不是真实的"身体的抖动"。哪怕再有道理的话，她听到了，别人也看不到她身体的剧烈抖动，那只是她自己的感觉而已。

这种评断过程，罗杰斯称为"机体评价过程"，或者可以说是"身体评价过程"。他认为，与理性相比，感觉更可靠；与头脑相比，身体更可靠。显然，我这个朋友的评断方式就是典型的"机体评价过程"。

有一次，我去华南师范大学心理学教授申荷永的家中做客。他是国内著名的荣格派学者，对易经、解梦和中国文化都颇有研究。

他家位于湖中的一座岛上，树木茂盛，蚊子很多。多年以来，我只要和别人在一起，蚊子就很少咬我，而是咬别人。但这次，我们一行人走在岛上，蚊子咬我咬得很厉害。很短的时间内，我已拍死数只蚊子。然而，我没看到申老师挥动过一次胳膊，于是好奇地问他："蚊子不咬你吗？"

他回答说，不咬，已好多年没怎么挨过蚊子咬了。并且，即便蚊子咬他，他也不会打蚊子。

"这一定有什么说法吧？"我问。

他说，是的，他从小就不打蚊子，因为很小时他就想，蚊子能吸多少血，给它吸得了，说不定，蚊子咬还有针灸的效果。

"原来如此，看来是蚊子被你的善意打动了，它们不忍再攻击你。"我开玩笑地说。这时，大家都笑了。

接下来，申老师和夫人讲起了他的很多趣事。

第一件是，做知青时，他卖豆腐。豆腐一开始是一大块，老乡要买一斤，一刀下去，切多了不好，切少了麻烦。对这一点，他感到很头痛，潜心练了一星期，终于做到，不管老乡要多少，他只需切一刀。要九两他一刀下去就恰好九两，要一斤一刀下去就恰好一斤，再也不需要切第二刀。

第二件是，参军时，拆卸步枪，他闭着眼睛比别人睁着眼睛拆卸的速度还快。

……

这些趣事引起了大家很大的兴趣，于是纷纷议论，为什么可以做到这些。比较一致的观点是"专注"。

然而，照我说，如果你要求自己专注，你就会失去专注。专注和幸福、快乐等一样，属于那种你越想抓住就越抓不住的事物。

申老师赞同这个说法。他说，专注的确不是努力来的，而是你沉浸在一件事物中，自然而然就做到了关注。当你沉浸在其中时，你会产生感应，你是靠感应来切豆腐，靠感应来拆卸步枪，而不是靠理性的分析和计算。当然，理性的分析和计算一定有，但最后当你砍下那一刀时，靠的不是理性，而是感应，或者可以说是感觉。

这就是所谓的"手感"。在无数领域，顶级高手讲究的都是手感。譬如篮球比赛，一个选手投篮准时，他会说，有手感；当投篮不准时，他会说，没有手感。

什么样的人会有手感？一定是那种信任自己的感觉和判断的人。

"养鸡场"是对孩子的否定

假若你在切豆腐时，心灵深处有一个藏得很深的声音对你说："你的感觉不可靠，你得……才行。"

或者，当你在最关键的时候投篮时，脑子里有一个声音说："你要谨慎。"

那么，结果都是，你会失去感觉。

这些藏得很深的声音从哪里来？多数时候，这是"内在的父母"或"内在的权威"在对"内在的小孩"说三道四。

假若一个人小时候一直生活在被别人左右的环境中，那么，这个人很难拥有丰沛的感觉。因为每当感觉产生时，就会有一些声音否定它。

譬如申老师的例子，假若他父母知道了他从不拍蚊子，于是对他说："你这个傻孩子，干吗不拍死它们？"并且，在他生活的各个领域都试图安排他的生活，那他不会成为一个在很多方面都很有感觉的人。

感觉是我们的本相与世界的真相建立起联系时那一瞬间的产物。如果我们很容易在许多方面有丰沛的感觉，那就意味着，我们能把握住这个世界的许多真相。这就是所谓的"创造力"。

创造力从来都不是无中生有的，它不过是发现这个世界的真相，并将真相展现出来而已。

拥有丰沛的感觉，是一件非常美好的事。然而，要达到这一点，我们就必须信任自己的感觉和判断。

然而，在我们一个又一个的"养鸡场"里，当"养鸡场"的掌控者们总是在严格限制学生们的活动，总是在严格要求学生们听他们的话时，这些在"养鸡场"中长大的学生就会逐渐丢掉对自己的感觉和判断的信任。

结果就是，那些服膺于"养鸡场"逻辑的学生就会成为没有创造力的"好孩子",而那些拒绝服膺于"养鸡场"逻辑的学生就很容易通过逆反来表达自己的独立意志,结果成为问题学生,成为"坏孩子"。

一个从中央戏剧学院毕业的演员说,她发现,她的同学中,成绩最好的"好孩子"最后多数都庸庸碌碌。相反,那些有明确主见、经常对老师说"不"的同学反而更容易有成就。

如果一个家长、一个老师,乃至整个社会真想培养出有创造力的人才,而不是听话的庸才,就应当放弃"养鸡场"的逻辑。

3

让感觉在你心中
开花、结果

......

　　假如你是一棵树，别人对你的态度就是一阵又一阵的风。如果你很在意别人的意见，那就意味着，随便一阵风都会剧烈地摇晃你，甚至将你吹倒。

　　作为一棵树，你能否矗立在大地上，取决于你有多少根系深入大地。

　　生活就是大地，你在生活中的每一种细腻的感受就是一条或粗或细的根。你的感受越是丰富、充沛，你的根系就越是深入大地。这样一来，就算是很强烈的风也不能颠覆你的立场。

活在当下

当下左右着你的因素，究竟是什么？

常见的有两种：留恋或目的。

留恋源自过去，而目的着眼于未来。但是，一旦留恋于过去的美好，或关注于将来的目的，你就丢失了当下。

然而，当下永远是你直接面对的唯一。如果你不关注当下，你便一直在浪费时间。

一天晚上，我在小区散步。我住的小区有一个湖，湖的两侧是矮矮的山，湖的对岸是一座小山丘。

走到湖边的小路上，我看到湖对岸有一轮满月刚刚升起，正好位于湖对岸那座小山丘的山顶。山中有些雾气，这轮满月有些泛黄。因这幽暗的浅黄色，这轮满月和这湖、这些小山以及湖边的垂柳都有了一种怀旧的味道。

这一瞬间，我被触动，然后拔腿就跑。我想赶快跑回家，去拿自己的专业相机，拍下这迷人的景色。

但刚跑两步，我又停了下来，站在湖边的垂柳下，看那轮幽暗的满月，还有湖水、小山……

恍惚中，我彻底忘记了自己，全神贯注于这月、这山、这水乃至湖水上的电线……景色融为一体，我与这景色也似乎融为了一体。

这一恍惚非常短，短到也许没有时间单位能用来计量。然后，我"醒过来"，再次对自己说，这么美的景色，我一定要记录下来。

于是，我再次奔跑。

十多分钟后，我从家里拿了相机，跑回湖边。但是，月亮已升得相当高，那种带点儿怀旧感的幽暗的黄色已换成了明亮的白色，整个景色的味道也已改变，我也失去了把它拍摄下来的冲动。

第二天，我想，差不多的时间，该有差不多的月色吧。于是，第二天晚上，我带着相机提前来到湖边，等着这月色的出现。这天晚上的月亮似乎还是那么圆，那种怀旧感却彻底没有了。

对着这样的月色，我备感失望。我忽然明白了，我执着于过去，想在今晚复制昨晚的月色以及昨晚的快乐，这是不可能的。

明白了这一点后，我静下心来，再看当时的月色，发现它尽管没有昨晚的月色有特点，但一样有它的迷人之处。

我这个故事，反映了一个很简单的道理：我们很容易执着于过去拥有过的快乐，于是不能活在当下。

一比较，便失去了单纯的快乐

我们大多有一种体验：随着年龄的增长，单纯的快乐越来越少了。为什么会这样？

因为过去的快乐成了一种阻碍。每多有一种快乐，我们就多少会产生一种渴望，希望能在未来复制这种快乐。快乐越多，这种渴望也就越多。于是，随着年龄的增长，我们的心就会被一层又一层的渴望所缠绕，从而失去了对当下事物的关注。

记得小时候看过一个故事，说东汉开国皇帝刘秀逐渐对美食失去了兴趣。御厨们送来什么样的珍馐，他都觉得索然无味。这时，他想起一次在逃亡路上，喝过一碗不知道是用什么做的粥，那味道好极了，简直可以说是天下第一粥。他渴望再喝上一次。

这碗粥是当时收留刘秀的一个老妪所做的，刘秀命属下找来了这个老妪，老妪用同样的方法给他做了一碗粥。但是，拿到这碗粥，刘秀只喝了一口就再也喝不下去了，他问老妪为什么会这样。

老妪说："这两碗粥是一模一样的，都是我用小麦的颗粒做的，只是皇上吃粥时的境遇不同。以前，皇上您是在逃亡，路上饥肠辘辘，再加上性命难保，所以吃什么都觉得好吃。现在，您吃遍了天下珍馐，再喝这粥自然就不觉得好喝了。"

这个故事表明，比较心会令我们产生审美疲劳。如果有比较心，那么一旦遭遇极好的事物并产生极大的快乐，我们就会对其他事物失去兴趣。所以，关键不是现在刘秀吃遍了天下珍馐，而是他有了比较心。他总拿过去的事物和眼前的事物做比较，渴望能在眼前的事物上复制过去的快乐，这就阻碍了他与当下的事物建立好的联系。

美国人本主义心理学家马斯洛说，自我实现者的一个特点是没有审美疲劳。我的理解是，因为自我实现者能全神贯注于当下，他们不会执着于过去的体验，不拿过去的事物和当前的事物做比较，所以每一时刻的体验都是全然的、新鲜的，审美疲劳也就无从产生了。

譬如，我有时会夸口说，我就是一个没有审美疲劳的人，我可以一年看 365 次海上日出而不会觉得厌倦。

不过，我前面提到的故事表明，这只是夸口而已，我一样会拿过去的月色与当下的月色相比，于是一样会有审美疲劳。

这也是夫妻关系中审美疲劳产生的原因。好莱坞影片《美国丽人》中，丈夫问妻子，以前那个可以在阳台上对着飞机敞开胸脯的女孩去哪里了？显然，他在留恋过去的快乐。他脑子里有妻子太多过去的形象，但当他执着于这些时，他就不可能看到妻子当前的美，也不能单纯地享受当前的时光了。

过去的感觉不可复制

一次，和一个朋友聊天时，我开玩笑说，最好不要和太好的男人或太好的女人谈恋爱。因为他们是毒药，一旦遇到，最好有结果，否则这毒无解，或许只有比他们更好的人才能解。

甚至，更好的人也不能解，因为我们会拿他们与过去的恋人做比较。而一旦这样做了，我们就是活在过去，就是在他们的身上看过去的恋人的影子，从而看不到他们的真实存在。

这个道理，我是特意说给她听的。她刚失恋不久，过去的那个恋人曾带给她很多快乐，她说他能分分钟让她开心。现在，她接受了已经分手的事实，准备找新的恋人。她渴望新的恋人一样能分分钟就让她开心。

显然，她想在新的恋爱中复制过去的快乐。不仅如此，和她深聊下去，我还发现，她希望新的恋人最好和以前的恋人一样，也是不高、稍有点儿胖、计划性极强、爱锻炼身体、幽默……

因为心中藏着这样的期望，她就看不到当下了。最近，她在与一些男子相识并尝试交往，但她很容易失望，她认定他们给不了她想要的快乐。

快乐有很多种，好男人也有很多种。然而，她渴望的快乐只有一种，她渴望的好男人也只有一种。她执着于这两个"唯一"上，也就无从看到其他人的好了。

这样的话，只有过去的那个男人才能救她。

甚至，过去的男人也救不了她。因为，即便是这个男人和她在一起时所制造的快乐，也是在过去的情形中所产生的。这种情形不可复制，这种快乐也一样不可复制。

这一点，她也承认。她说，的确，随着时间的推移，她发现她的一些感觉正在逐渐失去。

这是必然的，因为过去的感觉不可复制。

这也是多数爱情故事的共同遭遇。某些感觉太好了，于是我们想重复它们。结果，这些感觉成了阻碍，令我们看不到当下的美好。

怀旧，所以喜欢旧上司

不过，怀旧是她的风格。和她聊了多次以后，我发现，她有一个很有趣的特点：无法和当下的上司相处，一旦这个上司离开了，或她离开了，她和上司的关系反而会好转，所以她好几个要好的朋友都是她的旧上司。

这种风格是怎么形成的呢？原来，她最留恋的是童年。十岁之前，她和爷爷奶奶住在一起。爷爷和奶奶的收入高，生活条件优裕，而且视她为心肝宝贝。最小的叔叔整天和她一起玩，经常逗她、捉弄她，有时令她生气，但多数时候她是非常开心的。十岁后，她回到了父母家。父母的收入低，并且更爱弟弟，对她相当冷淡。从此以后，她不断地渴望重新回到童年，继续过那种快乐的生活。

所以，她刚结束的那场恋爱，其实不过是她和叔叔关系的重复而已。那个恋人的体型和性格都和她的叔叔很像，而那种快乐也和童年时很像。

至于她和上司的关系，大致可以说，目前的上司，就像是她父母。她对父母有愤怒，所以难以和目前的上司处好关系。一旦上司离开，他们就像是她的爷爷、奶奶和叔叔了。她爱他们，于是就能顺利地和旧上司打成一片。

此外，她还对一些零食极其执着，每年春节都会努力找一些广州的老式点心，而那些点心都是她童年时在爷爷奶奶家的最爱。可以说，这些点心本身并不重要，但它们是象征，是一种仪式。在吃这些点心的时候，她似乎回到了快乐的童年。

她的故事也是我们共同的故事，我们很容易先将童年时重要亲人的形象套在恋人的身上，渴望在他们的身上复制童年时的快乐。接着，我们又很容易将上一个恋人的形象套在新的恋人身上，渴望复制过去的快乐。但是，这都令我们看不到恋人的真实存在，不能活在当下。

总想着目标是浪费时间

不能活在当下的另一个常见原因，是我们容易被目标所淹没。

很多人喜欢树立目标，认为目标越高，自己做事的动力就越大。然而，总是想着目标，我们就会忽略当下，便做不好当下的事情。

春节回家，我一个老乡来找我诉苦。他说他有一肚子的雄心壮志，渴望出人头地，但没有人理解他。大家反而都嘲笑他好高骛远，都看不起他。

和他聊天时，我有一种感觉，好像他飘浮在空中，并且他的眼神也有一种飘忽感。

慢慢地，我发现他说话有这样一个逻辑：事情 A 做不好，是因为事情 B 阻碍了事情 A；事情 B 做不好，是因为事情 C 阻碍了事情 B……总之，我难以和他就事论事地谈论一件事情。

一开始，我试图令他就事论事地说话，但发现无法做到这一点，我就接受了他的逻辑，顺着他的逻辑往下说。即承认事情 B 是事情 A 的阻碍，事情 C 是事情 B 的阻碍……

最终，这样聊下去的结果，是他不得不承认，他没有做好过任何一件事。譬如，他事业做不好，耕田也不行，做饭超难吃，也不会打扮，学历也很低……

为什么会有这样的结果？

最直接的原因是好高骛远。他做事情时有一个毛病，做着事情 A 时就想着事情 B，做着事情 B 时就想着事情 C……总之，总是想着更高一层的目标。

当做着事情 A 时，他的时间就用在了事情 A 上，但他的心思不在事情 A 上，所以时间就被浪费了。因为过去 30 多年他一贯如此，所以他过去所有的时间都被浪费了，结果令他现在几乎一事无成。

说到最后，他不知不觉流下了眼泪，承认这的确是他最大的缺点。他决定试着活在当下，先把眼前的事情做好。

活在当下，才能全神贯注

把眼前的事情做好，我认为，是卓越人士的共同特点。

我一个小有成就的企业家朋友说，他的一个人生哲学是：从不抱怨，做什么事就做好；如果对这件事不满了，就立即离开它，去做新的想做的事。

如果我这个老乡持有这种人生哲学，那么，他的人生会全然不同。设想，他还是农民，但耕田一流、做饭一流、衣着有风度……那么，这个人该是何等出色？

两年前，我去一家家具店买家具，接待我的是一个刚来广州的女孩。在这家家具店的办公室墙上，写着每个店员的职业目标，她的职业目标大概是三年内做一家分店的店长。我说，这个目标你一定会实现，并且时间也许会更短。

果不其然，几个月后，我去逛这家家具店的另一家分店时，发现她已是这家分店的店长。她开玩笑说是托了我的洪福。我则说，我的预言不是瞎说的，因为我看到她有一种可贵的品质——能全神贯注地做事情，非常投入地为顾客着想。不仅不厌其烦，而且还很快乐。有这种品质的员工一定是人才，而那家家具店的管理看着也不错，我相信这家店的老板能慧眼识人。

树立一个远大的目标是有必要的，然而，仅靠目标做动力，这种动力就是强迫式的。有这种动力的人很容易焦虑，所以会比较努力，但他们缺乏全神贯注的素质，于是做事会比较马虎，而且会停留在表面上，不能做得非常到位。

拥有全神贯注做事这一素质的人，是能够活在当下的。他们也有目标，有一个全盘规划，但在做事时，他们会关注当下的信息。不但很细致，而且会乐在其中。他们做事的动力是当下产生的快乐，而不是源自未来——其实也是过去——的目标。

很多父母和老师都喜欢给孩子树立目标，认为有了压力才会有动力。但是，这都会阻碍孩子活在当下，令他们在做事情 A 时总想着目标 B。于是，不仅容易焦虑，而且还容易马虎。

大多数有考试焦虑的孩子，他们的动力都是过去产生的，主要是父母给他们心中种下的压力。他们的关注点也是这些压力，而不是学习本身。例如，有考试焦虑的高三学生，做任何事时都会想着高考——如果考砸了怎么向父母交代，所以不能全神贯注于当下的学习。

不活在当下，易纸上谈兵

我们每个人心中都有很多渴望，但这些渴望会阻碍我们与当下的事物建立最单纯的关系。

印度哲人克里希那穆提说，活在当下是智慧的唯一源泉，因为过去产生的都是知识，都是僵死的东西。按照过去的知识套当下的问题，就不能第一时间洞悉当下问题的本质，从而很容易做出错误的判断。

战国时期，赵括纸上谈兵而葬送了赵国 40 余万士兵；三国时期，马谡死用兵书而导致蜀军失败。这都是不能活在当下的典型案例。

明朝著名哲学家和军事家王阳明说，兵法的最高境界是"此心不动，随机而动"。此心不动，意味着放下了渴望，放下了对过去的执着，而随机而动，则意味着对当下形势的准确判断。做到了这一点的王阳明，一生剿匪无数，没打过一场败仗，等他 56 岁又被调往广西剿匪时，广西的土匪听说是王阳明来了，立即投降了。

可以说，"活在当下"是一个普遍哲理，任何时候都适用。譬如学心理学，国内一位著名心理学专家对我说，他发现学心理学的方式有两种：一种人是拿理论去套事实，这种人将大师的理论奉为圭臬，如果发现理论与事实不相符，他们会第一时间怀疑事实，而不是理论；另一种人则是拿事实检验理论，如果发现理论与事实不相符，他们会第一时间怀疑理论，这就是活在当下的态度。

玩摄影时，我也会发现这种差别。一些人拍照时，会想着书上讲的构图，另一些人则沉浸在当下，凭着当下产生的感觉去构图。自不必言，前一种人的摄影水平很难提高，因为当不能沉浸于当下，不能与当下的事物建立关系时，他们就是在浪费时间。

要活在当下，重要的是破，而不是立。我们要认识自己当前的渴望，明白它们一定是源自过去，然后试着放下它们。当你能做到放下时，就能洞见当下事物的本质，然后这洞见力会自动告诉你，你该怎么做。

你想要什么样的人生

　　活着的时候，我的注意力从未走出我们的账房，从未走出这个小范围，现在面临的是无止境的旅程。

　　一直都在走、在找，没有休息，没有安宁。我糊涂啊！我糊涂啊！我看不透自己的人生！虚度一生，我好苦啊！

　　　　　　　　　　　　　　——摘自迪士尼动画片《圣诞颂歌》

　　假如你突然拥有一个机会，可以清晰地看到自己的过去、现在和未来，你还会像现在这样生活吗？

　　迪士尼推出的动画片《圣诞颂歌》就描绘了这样一个故事。故事中的男主人公埃比尼泽·斯克鲁奇是一个超级守财奴，"令人讨厌，吝啬、冷酷、没有人性"。但在 1983 年的平安夜，他先后遇到了四个异灵——他已逝的合伙人雅各布·马利的鬼魂、圣诞过去之灵、圣诞现在之灵和圣诞未来之灵，从而看到了自己的过去、现在和未来，是比雅各布·马利的一生还要恐怖的命运。

　　这奇异的经历令斯克鲁奇一夜剧变，从吝啬鬼变成了一个仁厚、宽容而热情的慈善家。

　　这部影片改编自英国小说家查尔斯·狄更斯的同名作品。正是因为狄更斯的这部杰作，才有了"Merry Christmas"（圣诞快乐）这句流行语，并且圣诞节中许多祝贺节日的仪式也是因为这部小说才开始广为流传的。

超一流的小说家都有一种能力，他们所编织的故事，假如从心理学理论推论的话，你会发现完全站得住脚。写过《双城记》、《雾都孤儿》和《大卫·科波菲尔》等名著的狄更斯毫无疑问是超一流的小说家，而他在《圣诞颂歌》中所勾勒的故事，并不仅仅是一个虚幻的神鬼故事。

譬如，可以说，如果有非常优秀的心理治疗师，能帮助斯克鲁奇这样的人清晰地看到他的过去、现在和未来，那么他势必会从一个守财奴变成一个乐善好施的人。

一切都是鬼话，只有钱可靠

影片一开始就刻画了斯克鲁奇超级守财奴的形象。

他的合伙人马利去世了，而斯克鲁奇作为"唯一的遗嘱执行人、唯一的财产管理人、唯一的财产受让人、唯一的剩余财产受赠人、唯一的朋友和唯一的送葬人"，为马利操办了葬礼。

马利和斯克鲁奇都是"好生意人"，懂得节省每一枚硬币。但是，操办葬礼的牧师向斯克鲁奇伸出手索要相关费用时，脸上鬼魅的笑容令斯克鲁奇心惊。那只手像魔鬼的手，要扼在他的脖子上。他不甘心地给了一枚硬币，那只手仍没有落下来，他只好又给了一枚硬币。

牧师的手总算落了下来，但斯克鲁奇的心理失衡。他突然将手伸向马利的尸体，干脆利落地将覆盖在马利眼睛上的两枚硬币取了回来，并狠狠地从嗓子里逼出几个字来："两便士，两便士也是钱！"

在死者的两只眼睛上各放一枚硬币，这个传统源自古希腊。古希腊的钱币上有众神的雕像，将这样的钱币覆盖在死者的眼睛上，是让众神通过死者的眼睛看到死者没有污点的一生，从而帮死者更好地安息。

也有一个比较通俗的说法称，死者的灵魂在渡过冥河时，要将两枚硬币交给船夫做船资，否则死者就会成为无所归依的孤魂野鬼。

不管什么传说，斯克鲁奇都不相信，他宁愿拿回那两枚硬币，好让内心找到平衡。

再说，有什么比钱更可靠吗？

不仅如此，斯克鲁奇还认为，关于圣诞节的种种说法也是鬼话。圣诞节？圣诞节是什么玩意儿？每个人都可以在圣诞节得到上帝的保佑，每个人在这一天都应该相互关爱？凭什么？！这是骗人的把戏。

斯克鲁奇只信金钱，金钱是唯一能给他带来快乐、满足和安全感的东西。除此以外的一切都见鬼去吧。

也许是这种信仰让他身上透着一股杀气，他走在路上时，乞丐都不敢找他乞讨，唱颂歌的人都会被冻得停下来，小孩子见了他也不再调皮，而只想逃走，甚至连狗遇见他都会落荒而逃。

马利去世的时候如此，七年后的圣诞节仍然如此。

也不是谁都不敢接近斯克鲁奇。他的事务所有一个叫鲍勃·克莱切特的小职员，每周拿 15 先令。克莱切特谨小慎微，担心失去这份勉强可以养活一家人的工作，所以一直没有离开斯克鲁奇。

斯克鲁奇的外甥弗雷德也是个例外。不管斯克鲁奇多么冷漠，弗雷德都想去祝福和拥抱舅舅，想让他火一般的热情融化舅舅身上散发着的冰冷。他闯进舅舅的事务所，快乐地喊道："舅舅，上帝保佑你！"

"鬼话！"斯克鲁奇不耐烦地反驳。

"圣诞快乐！"弗雷德继续欢快地祝福舅舅。

"你有什么快乐的？你这么穷。"斯克鲁奇嘲讽道。

"你怎么这么闷闷不乐？你这么富有。"弗雷德反问，但神情已黯淡下来。

没什么好快乐的，斯克鲁奇继续说，他讨厌圣诞节："圣诞节意味着没有钱也可以买东西，意味着又老了一岁，钱却没有多一分。"

"圣诞节一起吃饭吧，舅舅。"弗雷德执着地邀请。

"除非我死了。"

"但为什么？你为什么这么冷酷，舅舅？"

"你为什么结婚？"

"因为我爱她。"

"因为，你……爱……她？"斯克鲁奇的眼神变得更犀利起来，弗雷德终于受不了想逃了，但在逃之前，他还是拥抱了舅舅并再次大喊："Merry Christmas！"

热情似火的弗雷德似乎没有融化舅舅哪怕一丁点儿的冰冷。接下来，当有人来事务所为穷人募捐时，斯克鲁奇无比冷血地说："没有监狱吗……劳动救济所还开门吗……我想你知道该怎么安排他们了……

（穷人如果活不下去）那就去死好了，正好可以减少多余的人口。"

和弗雷德一样，募捐人也落荒而逃。

不过，斯克鲁奇的心并不是全然冰冻着的，他还有一个小缝隙能透露出一点儿人情味。尽管极其不甘心，但他还是忍受着"不公平"感的折磨，给克莱切特放了一天的"带薪假"。

斯克鲁奇的心是如何一点点冻结的

一个传说称，上帝有一次动了恻隐之心，想从地狱中救一个恶鬼出去，但在恶鬼心中发现不了一毫善念，上帝只好作罢。

也许正是因为斯克鲁奇对克莱切特还有那么一丁点儿恻隐之心，所以上帝决定派四个异灵到斯克鲁奇的家里来点化他。

第一个到来的是马利的鬼魂。他拖着几道长长的铁索，铁索的尽头是没有用的钱箱。他对着被吓得半死的斯克鲁奇喊道："苦啊！我好苦啊！"

为什么这么痛苦？"马利"无限懊悔地说："活着的时候，我的注意力从未走出我们的账房，从未走出这个小范围，现在面临的是无止境的旅程。

"一直都在走、在找，没有休息，没有安宁。我糊涂啊！我糊涂啊！我看不透自己的人生！虚度一生，我好苦啊！"

斯克鲁奇安慰道："你的人生也有亮点，你一直是一个好生意人。"

孰料这正是"马利"的痛心之处，他的下颌在悲叹中掉了下来：

"生意？我的生意本应该是为人类做贡献，本应该是慈善、宽容和仁慈。"

最后，"马利"对老朋友说："你还有一个机会、一线希望摆脱像我一样的命运，将有三个灵魂过来找你。"

"马利"临走时还将斯克鲁奇拖到窗户前，斯克鲁奇看到，窗外有无数鬼魂在懊悔地大喊大叫。其中许多鬼魂在拿钱箱砸自己的头颅，还有一个鬼魂对着街边一个无家可归的乞丐喊："抱歉，我帮不了你啊——"

斯克鲁奇吓得躲在床上。但当圣诞日来临的钟声敲响时，第一个异灵——圣诞过去之灵如期而至，他带着斯克鲁奇回到过去。

与过去取得联结，在心理治疗中是一个很重要的工作。我们总是因为过去太痛苦而将心关闭，本来我们想关闭的只是和某几件痛苦往事的联结，但最终我们关闭的，是心的整个通道，从而失去了与其他人乃至万物的联结。

例如，斯克鲁奇的事务所和家都有几把锁，而他锁上门后总是不放心，还要进行检查。但是，他真正要锁住的是什么呢？小偷，还是内心的恐惧、无助和受伤感？

在治疗中，打开这些锁相当不易。通常要等心理医生与来访者建立起深度信任的关系后，来访者的心锁才会脱落，内心隐藏着的一些回忆才会涌现。

异灵是不需要这样做的，他直接将斯克鲁奇带回到童年即可。当站在家乡的土地上时，斯克鲁奇落泪了。圣诞过去之灵问他："你的脸上是什么，眼泪吗？"

"不是！"斯克鲁奇回答说，"是眼里进沙子了。"

这时，斯克鲁奇还在坚持一份虚假的坚强，这份坚强曾帮助他防御过去的痛苦所带来的无望。

可以说，他的童年是非常不幸的。一个圣诞节，偌大的学校，孩子们都回家团聚去了，只有"一个孤独的孩子正静静地留在这里"。老斯克鲁奇感慨地说"我那时的圣诞节不快乐"，但是小斯克鲁奇的心并没有完全冻结。他一个人坐在空荡荡的教室里时，嘴里还在哼唱着圣诞颂歌。

又一个圣诞节时也是如此，已是少年的斯克鲁奇还是独自一人坐在空荡荡的教室里，但情形已有改观，妹妹范尼跑过来找他，兴奋地喊着："埃比尼泽，埃比尼泽，我来带你回家！"

原来，斯克鲁奇之所以不能回家，是因为酒鬼爸爸不喜欢他，但这个圣诞节前爸爸变得和蔼了。范尼求爸爸让哥哥回家，他答应了。

这时，妹妹还可以敲开少年斯克鲁奇尚未彻底冰冻的心，她的儿子弗雷德却无法敲开老斯克鲁奇的心。这并不是因为痛苦在日益累积，而是因为他想逃避这些痛苦而逐渐将心关闭了，而钱是帮助我们将心关闭的最佳工具之一。

又一个圣诞节时，斯克鲁奇已是青年。他在一个事务所做学徒，师父是一个快乐的人。在平安夜，他们把事务所腾空，举办盛大的舞会，而斯克鲁奇的爱情正是在那个圣诞节降临的。那一刻，他的生命似乎被爱情的光芒照亮了。

但爱情恰恰也是令斯克鲁奇的心彻底关闭的一个关键。多年后的又一个圣诞节，斯克鲁奇已是精干的成年人，但妻子对他说"我要解除婚约"，因为"别的东西取代了我在你心目中的位置"。

"什么东西？"斯克鲁奇问。

"金钱。"妻子回答说。

斯克鲁奇不想离婚，但他不肯直接表达这个意思，而是反问："我发出要解除婚约的信号了吗？"

"语言上没有。"妻子回答说。

"那哪里有？"

"你变了的灵魂，还有生活方式，而且我对你的爱已经不重要了。"妻子逼问他，"如果当时你像现在这样富有，而我还是一个贫穷的女子，你会爱我吗？"

斯克鲁奇继续反问："你以为我不会吗？"

妻子继续说："你一切都以金钱来衡量，我给你自由，希望你在你选择的生活方式中找到幸福。"

她转身而去。

心化开了，就可以看到别人的痛苦了

在这段对话中，他们都是脆弱的。斯克鲁奇一定不相信金钱比她重要，他却没有底气承认。

看着呈现在自己眼前的这个圣诞节画面，斯克鲁奇痛苦起来。处于这个令他无比懊悔的节点时，他的心不敢打开。他咆哮着，让过去之灵带他走。最后，他用帽子将过去之灵的光芒罩住，用尽了全身的力气。他也是这样对待他过去的痛苦的。

他胜利了，过去之灵的光芒完全不见了，那些痛苦也看不到了。这时，他的脸上露出了一丝特别的微笑，带着苦楚。

突然，过去之灵的帽子像火箭一样将斯克鲁奇击入虚空，最后又彻底消失。斯克鲁奇开始坠落，没有任何凭借。

这一幕也有很强的象征意义。内心藏着太多痛苦的人，非常害怕失控，而从空中向下自由坠落，是他们最恐惧的事情之一。不知有多少人对我说过这样一句话："失控，等于死亡。"

彻底的失控并不会带来死亡，反而常常带来自由。当斯克鲁奇与自己的过去取得联结后，他就可以睁开眼睛，全然地看到自己现在的生命状态了，也包括可以看到其他重要人物的存在。

在心理治疗中，我屡屡发现，一旦与过去的痛苦取得联结，一个人就可以更好地感受别人的感受了。

斯克鲁奇也是如此。他从虚空中坠落，结果不是死亡，而是来到了圣诞现在之灵的空间中。圣诞现在之灵带着他，"从天堂的角度"去审视自己所在世界中的一切，而他开始看到穷人的苦。他质问现在之灵："你为什么要关闭穷人一周只能吃一顿像样的饭的地方？"

最触动斯克鲁奇的，是他的小职员克莱切特一家。他们非常贫穷，但家里充满了温情，他们过圣诞节时有一只火鸡就满足了。

并且，在进餐前，克莱切特竟倡议为斯克鲁奇祝酒。尽管太太很不情愿，但他们还是一起祝福了他。

斯克鲁奇心中的坚冰彻底融化了。他注意到克莱切特的儿子小蒂米好像生了重病，于是忧心忡忡地问现在之灵，小蒂米是不是会死掉，他能帮小蒂米吗？

现在之灵回答说，小蒂米的确情况不妙，但为什么要帮助他呢？"如果要死那就死好了，可以减少多余人口。"这正是斯克鲁奇以前的言语，现在再听到如此冰冷的话，斯克鲁奇痛苦起来。

现在之灵又带他来到弗雷德的家里。同样，尽管弗雷德用字谜游戏开舅舅的玩笑，但当他倡议为舅舅祝酒时，所有人都举杯祝福斯克鲁奇。

圣诞节就要过去了，现在之灵的寿命即将结束。他给斯克鲁奇看了人类的两个孩子，男孩叫无知，女孩叫贪婪。他们两个人在斯克鲁奇耳边一遍又一遍地说着斯克鲁奇过去的话："没有监狱吗？没有劳动救济所吗？"

现在之灵在大笑中而来，也在大笑中死去。接下来，斯克鲁奇最恐惧的圣诞未来之灵出场了。斯克鲁奇对未来之灵说，他很恐惧，但他还是做好了准备，准备在未来之灵的陪伴下去看看自己的未来。

你愿意有什么样的墓志铭

未来，斯克鲁奇死去了。据佛教的说法，对于缺乏觉知力的灵魂，在生与死之间，命运之风就像暴烈的鞭子一样，令这些灵魂无比恐惧，于是不断地狂奔，而无形中就投胎了。

狄更斯应该是基督徒，电影中却着力刻画了这一幕：斯克鲁奇的灵魂被一辆来自地狱的拘魂马车追逐。他逃命，中间两次无意中投胎了。一次躲过拘魂马车后又逃了出来，但第二次他完成了投胎的过程，成了一个贫穷而可怕的家庭的婴儿。那个家庭的男主人是一个可怕的、没有一点儿情绪控制能力的暴徒，而女主人竟然是斯克鲁奇的用人迪尔博太太。

投胎到这样的家庭已经够可怕了，更可怕的是，似乎没有人为斯克鲁奇之死有一点儿哀伤。迪尔博太太没有，欠斯克鲁奇债务的一对夫妻也没有。相反，他们都很开心。克莱切特一家很哀伤，但他们是为小蒂米的离去而哀伤。

"人之将死，其言也善。"因为，人在临死的那一刻，会突然拥有一种能力看到自己的一生。那时，无数人会无比懊悔，但悔之晚矣。斯克鲁奇不仅看到了自己的过去，还看到了可怕而荒芜的未来。他未来的父亲，要比他的酒鬼父亲还可怕。

所以，当未来之灵将他带到墓地旁，让斯克鲁奇看那块铭记着"埃比尼泽·斯克鲁奇"的墓碑时，他恐惧到了极点。他拼命地说："什么样的人就有什么样的结局，如果人改变了，结局也会改变……告诉我还有改变的可能，改变做人就可以……我不会忘记从过去、现在和未来得到的教训。"

未来之灵没做任何回答，他将斯克鲁奇推向地狱。斯克鲁奇不断地向地狱坠落……

　　还好，这一切都像梦一样。斯克鲁奇醒来后发现，他的确是坠落，不过是从床上坠落到地上。这时，恰恰是圣诞节的清晨。

　　这一刻，他无比喜悦，他身轻如燕，他欢欣跳跃。虽然四个异灵都没教导他该怎么做，但他完全明白了。他先给克莱切特一家送去了一份礼物——有两个小蒂米大的火鸡。

　　心打开后，他像"不良少年"那样玩耍。他的气场也打开了，他能注意到所有人的存在，带着欢乐和他们打招呼。遇见募捐者时，他向募捐者承诺会捐很多钱，并由衷地感谢对方。因为他知道，看起来他是在帮助别人，实际上他是在帮助自己，他为能有这样的机会充满感激。

　　他和路人一起唱圣诞颂歌，还参加了弗雷德的晚宴。他倒没有食言，的确是在自己死过后才做到了这一点。

　　第二天，他给迟到的克莱切特加薪，还改变了工作方式，要和克莱切特一边喝酒一边守着暖炉工作。

　　他身上的杀气消散了，他的内心从如铁坚冰变成了热情的火焰。最终，这团火温暖了整个城市，他成为这个城市最会过圣诞节的人。

　　最会过圣诞节的人正是狄更斯本人，他的这部作品教会了英国人乃至全世界人怎么过圣诞节，以至于他被称为"发明圣诞节的人"。当他去世时，很多孩子问自己的父母，圣诞老人怎么会死呢？

　　有趣的是，这部电影在迅雷和豆瓣两个网站上得到的评价截然不同。在迅雷上，它得到了9.7分的高分；而在豆瓣上，它只得到了6.8分。在迅雷上，很多网友说被打动了；而在豆瓣上，很多网友说觉得电影像恐怖片，并且尤其不喜欢电影的说教意味。

作为一个心理治疗师，我非常喜欢这部影片，一点儿都不觉得它是在说教。

因为，假如这一切是事实怎么办？

至少，在治疗中我发现，当一个人能够逐渐与过去联结时，他的心就会发生剧变。当一个人能够学会站在别人的角度看现在的自己时，他的心也会发生相应的改变。

至于看到未来，美国心理学家欧文·亚隆在治疗中常用一个技巧：设想一下你的墓志铭，如果你现在死了，你的墓碑上会有什么样的墓志铭？这个墓志铭是你想要的吗？

许多哲学家也说，死亡是最严肃的哲学问题。你死去的时候，你的心会突然拥有一种能力，可以清晰地看到自己的一生。但那时，你已经没有了改变的可能了。如果是严重的懊悔，那该是怎样的折磨？

我很喜欢《红与黑》的作者司汤达的墓志铭——"活过、爱过、写过"，更喜欢另一位忘记了名字的名人的墓志铭：如果这就是生命，那好，请再来一次。

你呢？你想要什么样的人生？

尊重自己的感受

如果你有了一个立场，你可以检视一下，这个立场发自你身体的哪一个部位。

表面上，我们所有的言语似乎都来自头脑，但是，如果你仔细体会的话，你会发现，不同的言语似乎发自身体的不同部位。

我发现，当我对一个人有鄙视、讨厌等情绪时，这些声音似乎完全来自头部，而且主要集中在面部，尤其是鼻子的部位，有时会因此发出"哼"的鼻音来。

当我喜欢一个人时，尤其是当我有爱意升起时，我发现，这些爱意都来自心。当爱意最盛时，整个胸腔似乎都被填满了。同样地，当爱意被刺伤时，那些伤痛也集中在胸部。

我还发现，充盈的力量感、包容与平静感出现时，它们似乎来自我的小腹。

概括而言，头部的感受常常和对别人的不好评价联系在一起，胸口的感受是关于爱与非爱的，而小腹部的感受则和力量有关。

由此可以说，一个声音越是发自身体深处，就越有力量。

就像一个不倒翁，如果重心在其头部，一推就倒；如果重心在胸口，那会稍费点儿力气，但也不难推倒。但是，假若重心在底部，那么就算你把不倒翁推倒了，它还会弹起来。

你能不能很好地守住你的一个立场，关键就是，这个立场是不是来自你身体的深处。

身体是心灵的镜子，因而也可以说，这个立场是不是来自你心灵的深处。

如果你仔细聆听，你会发现，头部的那些声音，其实常常是别人给的，而且多是父母给的。从小到大，他们给了你很多规定，这些规定被你内化在心中，最后你以为这些规定是你发出的，其实，它们并不是来自你自己，而是来自父母等抚养者。

天下没有不爱孩子的父母，父母给我们这些规定，是为我们好，我们为什么不能接受它们呢？

用本小节的道理来看，最简单的回答是，这些规定会立即激起面部产生激动的感觉，令你站不稳，因为这时你的重心太高了。

实际上，最有智慧的父母不会给孩子什么规定。他们知道，不能让孩子的心智淹没在他们所发出的指令中，他们要帮助孩子找到自己的内心。当孩子学会听从自己的内心时，才最容易在这个世界上立于不败之地。

最经典的例子是股神巴菲特。

巴菲特每年都会举办一次慈善午宴，竞拍到这个资格的人，可以获得与巴菲特一同进餐的机会，由此可以聆听巴菲特的教诲。

应该是 2006 年，美国一个富翁以 60 多万美元的价格竞拍到这一资格。他从巴菲特那里获得了什么教诲呢？

在接受美国记者采访时，这个富翁说，巴菲特一再向他强调，他生命中最重要的教诲来自父亲。

这个教诲是尊重自己的感受。

假如你是一棵树，别人对你的态度就是一阵又一阵的风。如果你很在意别人的意见，那就意味着，随便一阵风都会剧烈地摇晃你，甚至将你吹倒。

作为一棵树，你能否矗立在大地上，取决于你有多少根系深入大地。

生活就是大地，你在生活中的每一种细腻的感受就是一条或粗或细的根。你的感受越是丰富、充沛，你的根系就越是深入大地。这样一来，就算是很强烈的风也不能颠覆你的立场。

印度哲人克里希那穆提说，感受就是你与事物建立关系的一刹那的产物。

因而可以说，你的感受就是你与某一事物的联结。

这个联结是最可靠的。

巴菲特之所以成为股神，是因为他凭自己的感觉与股市打交道，而不是凭借其他人的规定。股市中经常会刮起超级飓风，但不管多么强的飓风，都不会动摇巴菲特自己的立场。自从进入股市，他从来都是靠自己的感觉来决定如何投资的。

当你感觉到有强风在撼动你的立场时，可以去尝试寻求自己的感受。

这时，有一个非常简单的办法可以帮助你：

你试试稳稳地站在地上，感受双脚踩在地上的感觉。你可以前后左右摆动一下自己的身体，但双脚矗立不动，感受身体摇动而双脚矗立不动的感觉。再将一只手放到你的小腹部，然后问问自己——我更深的感受是什么。

谁动摇了你的立场

如果你与巴菲特一样幸运，你的父母一开始就对你说，尊重你的感受，那么，可以预测，你将与巴菲特一样成功。就算没有他那样的财富，你也必定会在某一领域拥有第一流的才能。

不幸的是，对于绝大多数人而言，最初动摇我们立场的，恰恰是我们生命中最重要的人，比如父母。

一棵小树如果不断地被拔出大地，那么它的根系不可能强大。

同样地，我们长大后之所以不能很好地守住自己的立场，甚至都很难发现自己的立场是什么，常常是因为，还是小树时，我们被拔离了大地。

换句话说，就是你与事物的直接联系常常被切断。谁切断的呢？你生命中最重要的人。

美国女心理学家帕萃丝·埃文斯有一部著作《不要用爱控制我》，

这是一本了不起的书，用很多很琐碎的事情，道出了生命中最常见的苦痛——父母、配偶等最亲密的人用爱的名义控制了我们。

　　书中有一个小故事：

　　一个妈妈带女儿去冰激凌店，妈妈问女儿："你想吃什么冰激凌？"

　　女儿说："香草冰激凌。"

　　妈妈说："巧克力冰激凌更好吃。"

　　女儿说："我想吃香草冰激凌。"

　　妈妈说："你不是爱吃巧克力冰激凌吗？"

　　女儿说："我就要吃香草冰激凌。"

　　妈妈说："真怪！这孩子真怪！"

　　最后，妈妈还是为女儿买了香草冰激凌。

　　在这个小故事中，妈妈不断地试图动摇女儿的立场，想将自己的意志——你爱吃巧克力冰激凌——塞到女儿的头脑中。还好，这个小女孩一次次守住了自己的立场，她一直坚守着自己的感觉——我就是要吃香草冰激凌。

　　这是帕萃丝·埃文斯亲眼见到的案例。她说，这个小女孩之所以能守住自己的立场，肯定是因为她有一个重要亲人教过她——尊重自己的感受。

　　其实，只要生命中有一个重要的人不断地告诉我们，最重要的是尊重自己的感受，我们就会比较好地做到这一点，因为这是生命的根本诉求。

但是，在我们的文化中，很可能，你长这么大都从未有重要的人物对你讲过这一点，甚至，你身边的所有重要人物都可能会对你说："乖，做个好孩子，多听大人的话，在家听父母的，在学校听老师的……"

尊重自己的感受，不是指仅在大事上如此，相反，这是在无数小事中练习出来的。

失去自己的立场，也不光是在大事上才如此，相反，是在无数小事中形成的。

类似冰激凌的故事，我也亲眼见过很多。

一次，我在天河城旁边的一家餐厅吃饭。旁边是一个男孩和他父亲，他们点了很多食物。

一会儿，男孩吃饱了，很开心地对爸爸说："爸，我吃饱了！"

爸爸粗鲁地反驳说："饱个屁！再加一碗。"说着将另外一碗饭推到了儿子面前。

吃饱了感觉会很好，但吃撑了感觉就会很不好。

我的一个导演朋友，童年时印象最深刻的一件事是，他总是满院子跑，后面奶奶端着一碗饭追。

干吗跑？干吗又要追呢？

我请这位导演朋友回忆细节，最后他说，每次吃饭时，他吃饱了对奶奶说："奶奶，我吃饱了！"

奶奶会说："小孩子多吃点儿，对身体有好处。"

他多吃了一点儿后说："奶奶，我吃饱了。"

奶奶会说："男孩子多吃点儿，有力气。"

他又多吃一点儿后再说："奶奶，我吃饱了。"

奶奶会说："多吃点儿，小孩子胖一点儿很好看。"

……

最后，他会肚子撑得厉害。他之所以满院子跑，就是为了逃避吃饱了被撑着的感觉。而奶奶满院子追，就是为了将自己的规定——多吃点儿——硬加到孙子头上。

类似这样的事情相信每个人多少都会有体会，毕竟即便是巴菲特，也只是爸爸教导他尊重自己的感受，而妈妈也会将自己的想法强加到他头上。

每一件这样的小事，都是在动摇你的立场。假若你身边所有的重要人物都这样对待你，那么你作为一棵小树时就在不断地被从土壤中拔出来。你的根系一直没有得到充分的发育，因为没有大地的哺育。

你可以从现在开始，在每一件琐细的小事中发现并尊重自己的感受。

你为什么太在乎他人的评价

读大学时，和一个朋友有过这样的对话：

她问我："你难道不是通过别人的评价来认识你自己吗？"

我反问："我知道我是谁啊，干吗要通过别人的评价来认识自己？"

于是，我们俩都像看外星人一样看着彼此。她第一次发现，原来还有我这种很少把别人的评价放在心上的人。我也第一次发现，原来还有她这种通过别人的评价来认识自己的人。

后来，我逐渐明白，我这样的人真是有点儿像外星人，而她那样的人在我们中则占了大多数。

在《不要用爱控制我》一书中，作者帕萃丝·埃文斯说，爱控制别人的人有一种奇特的逻辑：我知道你是谁，而你不知道你是谁。

那位强迫孩子继续吃饭的父亲，他认为他知道孩子该吃多少，而孩子自己不知道该吃多少。

我那位导演朋友的奶奶，也一样认为她知道孙子该吃多少，而孙子是不知道自己该吃多少的。

正是长久生活在这种环境中，而没有像巴菲特父亲那样的人叮嘱我那位好朋友"尊重自己的感受"，她才会形成这样的逻辑——"我不知道我是谁，所以我要通过别人对我的评价来认识自己"。

如果你也有这种逻辑，我可以断定，在你小时候，在你家中，一定有很多亲人持有这种看法——他们知道你这个孩子是怎样的，而你不知道。

持有这样的看法关键是为了引出后面的一个结论——"所以你要听我们的"。

所幸，在我家里没有人给我灌输这样的观念。相反，我父母从来不会干涉我的判断，他们非常尊重我的感受。

印象很深的一件事是，小时候，我有一段时间只爱吃面而不爱吃菜，尤其是饺子。结果，我父母不强求我吃饺子。尤其是那几年过年的时候，我父母和哥哥姐姐吃饺子，另外专门给我做一份面片。

还记得我小时候看蚂蚁搬家，不知道怎么就来了兴致，可以蹲在地上连续看三天，除了吃饭、睡觉，就是看蚂蚁搬家。父母完全没有管我这种怪事，绝对不会对我说，"你怎么这么怪呢，别人家的孩子才不会做你这种傻事"，或者说，"看什么看，有什么好看的，去做点儿正经事"！

因为这样的童年经历，我的感觉没有被破坏，所以我做什么事情都有清晰的立场，而这些清晰的立场都是建立在我自己对事物的感受之上的。也因此，我自然地不把别人对我的评价当回事，倒不是为了显摆自己有个性。

我想，正是因为我这种性格，我基本上是干一行爱一行，很容易随便做什么事情就上瘾。因为，当自己与某一事物的关系没有受到别人的妨碍时，那种全身心投入做事情的感觉实在太好了，这种专注本身就是一种巨大的奖励。

因此，我读书时除了英语，每一科都蛮喜欢的，而每一科都考过全班最高分，乃至文理分科时我很痛苦，我不希望分科，而希望所有科目一起学。

在我收到的两万多封读者来信中，估计有三分之一是中学生写来的。他们很多人都谈到了自己的一个特点：喜欢一个老师时，这门课的成绩就很好；不喜欢一个老师时，这门课的成绩就差很多。

之所以如此，是因为他们的自我价值感不是发自内心的，而是来自老师对他们的评价。当老师喜欢他们时，他们的自我价值感很高，这带动了他们的成绩提高；当老师不喜欢他们时，他们的自我价值感变低，这导致了他们的成绩下降。

这种情况在我身上从未出现过，我可以很喜欢一个老师，但那门课的成绩就是不行，譬如英语。我也可以非常讨厌一个老师，但那门课的成绩就是强，譬如小学时有三年时间我非常不喜欢数学老师，但我的数学成绩一直很好。

之所以如此，正是因为我的自我价值感是发自内心的。我热爱一件事，投入地去做这件事，这会给我带来巨大的快乐，这种快乐本身会驱动我继续投入这件事中。别人的评价基本影响不了我做一件事的热情。

看起来，我具有一个优点——有很好的心理素质。其实，这种心理素质是父母给我的。尽管我在农村的父母不会像巴菲特的父亲那样告诉巴菲特——尊重你自己的感受，但他们用行动做到了这一点。他们很少影响、评判更不用说否定我的感觉，这让我的心生出了茂盛而庞大的根系，可以在我喜欢的任何一件事上紧紧地抓住大地。

本来，这是理所当然的。只要父母不去太多地干涉孩子，那么孩子自然就会成长为非常有感觉的人。但是，现实情况是，有这样的父母成了一种难得的幸运。

从小到大，我既没挨过父母的打，也没挨过父母的骂。仅仅有一次，父亲在做农活时对我说了一句重话，我还哭着回去找母亲告了状。

本来，我觉得这很平常，但自从 1992 年开始学心理学到现在的这段时间，我最终发现，这样的经历实在是一份巨大的馈赠。

如果将本小节概括为一句话，我想说，假若你很在乎别人对你的看法，这并不是天生的，而是在你成长的历程中形成的。现在就去检视一下你的成长历程，这会帮助你从别人的评价中解脱出来，从而投入地去做你喜欢的事。

自我价值，为谁认可

波兰导演基耶斯洛夫斯基的著名影片《蓝白红三部曲之白》中，卡洛和妻子多明妮从波兰移居法国，因卡洛性无能，多明妮要求与他离婚，并在法庭上要求卡洛出示"性能力"证明。卡洛给不出证明，离婚成功。

第二天，卡洛思念多明妮，给她打电话。她说："电话来得正好，听着！"卡洛听到的是多明妮与一个男子做爱的声音，那呻吟声逐渐升入高潮。听着这承欢的声音，卡洛痛苦地弯下了腰。

他想对她说"我想你，我只是想你"，但遭受了最大的伤痛。

伤痛激发了卡洛的斗志，他将剩下的唯一的硬币藏在一只行李箱里，历尽艰辛回到波兰，并通过阴谋诡计和魄力发了横财，成了大富豪。

他的自我价值得到了体现。

只是，深夜里，他常常醒来。醒来时，他最想念法国，忍不住拨打那个号码，尽管她深深地伤害过他。电话通了，听到他的声音，那边立即挂掉了电话。

必须用一切办法让她到波兰来，卡洛下了决心，而他向来是一个敢想敢做的男人。他诈死，为了把诈死弄得很逼真，他还从俄罗斯买来一具尸体。然后，他给多明妮发了电报，托生死之交的口说，大富豪卡洛死了，而所有的财产都留给了她，那是一个天文数字。

于是，多明妮回到了波兰，是为了天文数字的财产，还是为了他？

葬礼结束，多明妮回到宾馆，突然发现卡洛躺在她的床上。

她惊讶，为这一切神奇的事情。更神奇的是，卡洛的性能力恢复了。他们做爱，高潮声直达云霄，远胜于电话里曾经传来的呻吟声。

成了大富豪，卡洛作为一个人的自我价值得到了体现。

性能力恢复了，卡洛作为一个男人的尊严也得到了体现。

但是，这一切还不够。

卡洛还有复仇的阴谋。第二天，多明妮醒来，发现卡洛不见了。很快，一批警察出现了，说有人指控她是杀夫凶手，为了卡洛的财产，谋杀了他。于是，多明妮被捕，并被关到监狱里。

这时，换了身份的卡洛去探监。在监狱的大院里，他用望远镜遥望一个窗户的灯光。他看到，多明妮用哑语对他说："等我，出去，我们，再来一次。"

卡洛泪如雨下。

无条件的爱才是安心的爱

最后这一幕是最动人的，我们会说，这是爱，他爱她，而她也爱他。以前有过错误，他们要再来一次恋爱。

这才是价值感的更高体现。

成为富甲天下的富豪，不够；有性能力，不够。必须有那个爱自己的人的认可，才够，这是一种终极认可。并且，那个人认可自己，最好不是因为自己富甲天下，更不是因为自己有值得夸耀的性能力，或者其他任何能力。

别人崇拜他、热爱他，然而，这是有条件的爱。那意思是说，只有你强大，你的外在价值高，我们才爱你。

尽管我们很容易迷失在这样的爱中，其实，我们都抵触这样的爱，甚至惧怕这样的爱。因为我们知道，他们所爱的并非我们本身，而是附着在我们身上的条件。假若我们没有了这些条件，他们势必会收回这样的爱。

问题恰恰在于，有条件的爱大肆流行。于是，为了获得更多的爱，为了得到爱的保证，我们很容易拼命追求成功。这些成功，更多时候只是爱的可怜的保证而已。

成功越多，爱越多。这时，我们也许会越恐慌：假若有一天，这些外在的条件都消失了，只剩下一个赤条条的自己，那个人，那些人，还爱我吗？

在监狱里，一无所有的多明妮，对着一无所有的卡洛示爱。这样的爱才是真爱，才是最令我们安心的爱。

所以，请不要迷失，不要为了追求所谓的"自我价值"，而忽视了最值得珍视的关系。骡懂得这一点，所以他宁愿失去整个宇宙，也不忍心操控她、征服她。

你渴望珠穆朗玛峰顶上只有你一个人吗？

一个男子，不到 30 岁，但他已持续十多年失眠了。一个晚上只要能入睡一会儿，他就心满意足了。

不能入睡，是因为不能放松。

"是的，我的身体和精神都是紧绷着的，我绝对不能放松。"他说。他正在追求一个目标，他正用超出人类所能承受的极限去追求这个目标。这个目标对他来说意义重大，他不愿意透露是什么。

好吧，我对他说："我们不谈你的目标，但我问你，'自我价值，为谁认可'？"这个问题击中了他，他愣住了。

我对他说："不管那目标是什么，肯定是为了体现你的自我价值。然而，请设想一下，那目标实现后，你设想的自我价值得到了体现，你就真满足了吗？你还会有什么期待？别着急，闭上眼睛，慢慢想象一下，你还会期待什么……"

他没有闭上眼睛，他仍然不能放松，但他在试着想象。他想了一小会儿，我给他讲了《白》的故事，这个故事深深地触动了他。

追求自我价值，犹如爬珠穆朗玛峰。然而，你真期望，等你爬上珠穆朗玛的峰顶——那世界的最高端时，只有你一个人吗？

卡洛不是，这个男子虽然没说，但显然也不是。

或许，大家都不是。

在我的博客上，一个男子留言说，他去爬青城山。没到山顶前，他觉得"无限风光在险峰"，对山顶的风光充满了期待，但登顶之后才发现，山顶上并没有自己想象的那么好，所以他很失望。随即，他想到自己的人生目标，要是苦苦追求的目标实现后，也像这次登山的感觉一样，那可就白过一生了。于是，那天晚上，他打电话给他喜欢的女孩，对她说他一直喜欢她。她有男友了，但他还是要告诉她。他只是想告诉她，仅此而已。

另一个男子，虽官只升了一职，但意义重大，因为是从副转正，从"二把手"转为一个极有油水的单位的一把手。

随即，他给他喜欢的女子打电话，请她吃饭，并把这个消息告诉了她。

他渴望这个女子认可他。然而，这个女子没如他所愿对他说"你真棒，你真优秀"。相反，她觉得难受。

我理解她的感受。这个女子有独特的一点：她很少看一个人的外在条件，而只看那个人仅仅作为一个单纯的人的存在，她很少会因为一个人的外在条件的变化而调整自己对这个人的爱的多与少。所以，她现在也不愿意因为这个朋友的外在条件"升值"了而给他多一点儿赞许。

自我价值，总是要在最珍惜的关系中得到体现的。

所以，不要迷失在外在的价值中。相反，要学会看到自己去掉所有外在后的本真存在，也要看到别人去掉所有外在后的本真存在。并且，我们要学会爱自己的本真，也要学会爱别人的本真。假若有人能做到只爱你的本真存在，你与他的关系就是最可珍惜的关系。

做到这一点后，你就有可能跳出外部评价体系的窠臼，以你的本真，与其他人、万物乃至世界的本真建立起更具深度的关系，从而领略到更有魅力的价值体系。

种子的力量——你如何创造你的现实

"什么最有力量？种子！"

这是我小学语文学过的一篇文章中的句子。

种子发芽时萌发的力量可以撑裂头骨与石头。那么，心灵的种子会有什么样的力量呢？

讲一个故事吧。

一位来访者，童年很惨。创伤可以分为被抛弃和被吞没，被抛弃的创痛更重于被吞没，而这位来访者被抛弃的创伤算是顶级的。

小时候，他住在奶奶家，家里没有人关注他。一天晚上，透过窗户看着深蓝的星空，他想，家和外面有什么不同吗？

从此以后，他总是在外面流浪，晚上常常在野地里躺下就睡了，有时也睡在生产队牲口棚的干草堆里。没有家人找过他。

因为这样的经历，他觉得自己是一只"孤狼"。

村里人可怜他，称他为"没有人要的可怜娃"。他们对他还不错，常常给他些好吃的。

读小学时，他回到父母所在的大城市。实际上，他的家境相当不错，父母都有工作，而父亲是一个不小的官员。然而，这个真正意义上的家不能给他温暖。相反，他总是怀念老家。于是，不到十岁的他一次次离家出走，目的地是老家。

老家离大城市有 100 多千米，有时他坐大巴回去，有时干脆就走回去。

我听过一些离家出走的例子，这些故事中的人离家后的经历常常是雪上加霜：本来是因为痛苦而离家出走的，但在离家出走后又在家外遭遇了伤害。而他不一样，他总是在路上遇到贵人。

譬如一次走了三天三夜，他饿到极点，体力也损耗到了极点，最后每走几步就要在地上躺一会儿。一个好心人同情他，叫他到自己家，专门给他做了一碗热面条。

这像是他一生的写照：在家里，他感觉到冷漠与孤独；在家外，他总是遇到一个又一个贵人。

为什么他总会遇到贵人？因为他在自己的心灵中种下了一颗非凡的种子。

这颗种子在村里人给他帮助时就已经存在，但在一个老奶奶给他烧一碗热水时萌芽。

那次还是回老家，步行一段时间后，他遇到了一个老奶奶，老奶奶专门给他烧了一碗热水喝。他感觉到温暖得不得了，心里充满感激，并许下心愿说，他一定要把这么好的东西传递出去。

他总结说，小时候对于别人给予他的帮助，他的反应有如下四个部分：

1. 没有期望。他不期待别人给他什么样的帮助。
2. 温暖。不管什么样的帮助，他都能感觉到其中的温暖。
3. 感激。对于这些温暖，他很感动，总是真诚地表达感激。

4. 许愿。他发誓要把这些温暖传递出去。

人与人的心灵是相通的，我们不必说什么，也不必从理智上明白什么，就可以感受到彼此。由此可以推测，他之所以总能遇到贵人，是因为这些贵人能捕捉到他由这四个部分组成的心念。他们可以提前"知道"，他们的善意会被接纳、被感激，且还会被传递出去。于是，他们就会心甘情愿地帮助他。看起来，他们像是主动的，但也可以说，他们的善意是被他善意的种子唤醒的。当然更可以说，这像是一种"潜意识的同谋"，他们善意的种子与他善意的种子相呼应，而向彼此显现自己的存在。

这可以说是心想事成，也可以说是荣格所说的"同时性"，或可以说是荷兰治疗师所说的"宇宙同谋"，还可以用《当和尚遇到钻石》的作者麦克尔·罗奇格西的术语——"种子"。

虽然乍一看，心灵的种子不像植物的种子那样，可以通过撑裂头骨与石头这种戏剧性的方式显示自己力量的强大，但心灵的种子可以创造你生命中的一个又一个事实，最终会彰显它强大的力量。

本书第一部分《定律五：幸与不幸，是你主动实现的》提到过这一观点，现在想再次强调这个观点——你的心念在创造你的现实。关键是，去审视你的每一个心念，用觉知之光照亮它的每一部分。

在广东清远碧桂园"爱的关系"工作坊里，瓦苏老师这一周讲的主题是羞耻感。羞耻感总是和需求联系在一起，"我有需求，但对这一需求我又有羞耻感"，最要命的是可能演变成"为了不要这份羞耻感，我宁可不要这一需求"。

假若被这一羞耻感所困，你对需求的追求就很容易受挫。因为这时，你心灵的种子是由以下部分组成的：

1. 我有遏制不住的需求。
2. 这一需求不是好东西，它令我觉得羞耻。
3. 我还是追求了这一需求，我必须得承受这一羞耻。
4. 如果有条件，我会把这一需求转嫁给别人。

譬如对性的需求，我们很容易有强烈的羞耻感，那么这颗种子就会在你的生活中创造这样的现实：

1. 我压抑性，但性偶尔会冒出来。
2. 每次冒出来我都会觉得非常不好意思，甚至感到非常羞耻。
3. 我活该承受这种羞耻。
4. 如果可以，我会把它转嫁出去。

因此，性压抑严重的女人会喜欢坏男人，因为坏男人对性很主动。看起来是他们制造了性事件，所以他们活该是坏蛋，他们应该被谴责。

所以说，和坏男人在一起有双重好处：

1. 性需求被满足了。

2. 性的羞耻感也可以理直气壮地被转嫁了。

当然，和坏男人在一起，女人的人生注定会是悲剧。而这一悲剧的关键不是这个坏男人，而是女人自己。

心灵的种子创造了现实，这是一个简单的观点，而要细致地在生命中理解这一点，需要你不断地去觉察。

至少要知道，你是你生命的创造者。

自我觉察，解脱之道

我们很容易执着于某个人，如父母或伴侣。我们与这个人拼命纠缠、互相抱怨、彼此伤害，明明已伤痕累累，仍不肯放下——其实是不敢放下。

为什么我们会如此执着于某个人？

在第一部分《定律六：答案，在你自己心中》，我写到，这是因为，我们将这个人当成了自己心灵成长的答案。我们执着于父母，是因为我们认为，他们改变了，我们就幸福了。我们执着于伴侣，也是因为我们认为，伴侣改变了，我们就幸福了。

执着的本质是渴望改造对方。我们这样做，对方也这样做，但没有谁愿意被另一个人改变，于是我们都忍不住要拒绝彼此，而伤害也由此产生。

这种改造的梦想，几乎可以在任何一个人身上找到，只是程度的轻重不同。

那么，它为何这么普遍？根本的原因在于自恋。

特别小的孩子都有一个心理特点：他会将妈妈和自己视为一体，并由此形成了一个逻辑：妈妈对我好，说明我好；妈妈对我不好，说明我坏。每个孩子都渴望自己是好的，但他们没有能力通过自我认可达到这一点，他们必须通过妈妈的认可才能达到这一点。而且，他们一开始几乎是没有能力影响妈妈的，他们只能期待妈妈的做法发生改变。也就是说，他们只能将焦点放在妈妈身上，而他们通过改造妈妈来改变自己命运的期望，也似乎是正确的。

这种通过改造别人来改变自己命运的愿望由此扎根，随后扩展到他身边的其他重要亲人身上，譬如父亲、祖父母、外祖父母以及兄弟姐妹身上。

然而，这种改造的梦想，一开始就是错误的。一个妈妈怎么对待一个孩子，是这个妈妈的心理结构和现实条件所决定的，和这个孩子的愿望没什么关系。同样，一个爸爸怎么对待一个孩子，也是由这个爸爸的心理结构和现实条件所决定的，与这个孩子关系不大。

可以说，改造别人的梦想是最大的虚妄之一，但它的产生又有着坚实的心理基础，所以我们几乎每个人都会或多或少地陷入这种虚妄之中。

越否认缺乏爱的真相，就越过敏

我们容易执着于改造的梦想，除了天然的自恋外，还有一个重要的原因：懒惰！

"江山易改，秉性难疑。"这句话我们都听说过，而且也深深地体会到，哪怕仅仅是改变自己一个很小的习惯都不容易，更何况改变自己的本性呢？改变自己太难，于是转而希望改变别人，所以无数人说过类似这样的话："我绝对不会为了爱人而改变，但他必须为我做出改变。"

然而，除非一个人主动愿意做出改变，否则他不会因为别人的推动而发生改变。并且，因为每个人都讨厌别人把他的意志强加在自己身上。于是，你越渴望一个人发生改变，那个人就越抵触你的意志，并会忍不住走向相反的方向。

所以，如果真想改变自己的人生，改变自己的命运，朝着更健康、更幸福、更快乐的方向发展，我们就必须很清晰地告诉自己：放下改造梦想！

《心灵成长的六个定律》系列文章发表之后，我收到了许多读者的来信。他们说，你写得很好，对我启发很大，但请告诉我改变的方法。

放下改造梦想，就是无比重要的方法。

印度哲人克里希那穆提说过，重要的不是去做什么、去想什么，首先是放下。我们必须放下我们许多习惯了的虚妄，而改造别人的梦想就是最常见也是最致命的虚妄之一。

你真想改变吗？那么就要好好问问自己，你放下改造别人的梦想了吗？你放下对别人的执着了吗？你真的放下了吗？

一旦你当真放下了改造梦想，放下了对别人的执着，你势必会感到恐慌。

因为，对别人的执着是被当作救命稻草的，你死死地抓着它，以为它是唯一能救你的，一旦连它都放下了，恐慌就很容易到来。

恐慌的背后是答案

恐慌了，该怎么办？

最好的办法是，任凭自己恐慌，由它去。恐慌也是一种虚妄。我们执着于某个事物，是为了逃避一些人生悲剧的真相。这个被我们紧紧抓着的事物，一旦被放下，我们就必须去面对真相。但是，我们一直是惧怕这个真相的，所以当看到自己就要面对它时，恐慌一下子就来了。

恐慌过后，你的生命真相就会涌出。不管是多么凄惨的人生真相，一旦你拥抱了，你就会发现，原来拥抱真相本身就是解脱。

说到这儿，我忍不住又要讲 Z 的故事。我在《感谢自己的不完美》一书中讲过她的故事，标题是"悲伤是完结悲剧的力量"。她很小的时候父母离婚，至今都不知道妈妈的去向，甚至连妈妈是死是活都不知道。爸爸是个花花公子，没有精力也没有能力照顾她。爱她的爷爷和奶奶在她五六岁的时候去世了，最后只剩下一个姑姑对她还不错，但姑姑也有自己的家要照料，不可能分给她太多的爱。

她的人生真相是"没有什么人爱我"。这个真相太惨了，她拒绝接受，于是她朝相反的方向努力，渴望赢得身边所有人的爱。她向亲人、同学和老师索取爱与认可，她特别努力地讨好他们，想尽办法赢得别人的赞誉。但是，没有人愿意接近她，因为她对于人际关系中的负面信息极其敏感。你做了九件令她开心的事，但有一件你做得不够好，她就会注意到，并因此而不开心。

这很容易理解，她一直试图逃避"没有什么人爱我"的人生真相，但这个真相不在别处，就在她心里。那么，无论她走到哪里，这个真相都紧紧地跟着她。于是，她越想否认人生真相，就对别人的爱越执着，同时对别人的不爱越敏感，因为一点儿不爱的信息，就会触动她的潜意识，让她不得不去暂时面对人生真相。这一直是她最怕的，所以每次不得不去面对时，她就会不开心，并对别人产生怨气。

结果，她特别努力地讨好别人，但别人都特别抵触她，不愿意接近她，她连一个朋友都没有。她的表哥曾回忆说，尽管她当时看起来很乖巧，但他和亲戚都不喜欢她，因为觉得她身上有很多刺。

到了小学四年级，她彻底陷入了绝望，于是想到了自杀。在尝试自杀前，她第一次认真地回顾了自己短短的一生，发现自己的人生真是没有多少亮色。她伤心欲绝，放声痛哭。哭到最伤心的时候，她内心深处涌出一句话："你很惨，非常惨，但你有力量好好活下去！"

拥抱真相是解脱的唯一途径

这句话救了她。从此，她的性格发生了剧变：以前她总是讨好别人，把焦点放在别人身上，此后她不再讨好任何人，而将焦点放到了自己身上。她的内心发生了改变，而她的人生也随之发生了改变。她的人生态度越来越积极，她的朋友也越来越多，她的人生悲剧反而给了她力量。

Z 得救了，她的办法不是别的，首先是放下，放下改造别人的渴望，放下对别人的执着。接下来，她陷入了恐慌，这还不是一般的恐慌，而是令她想到了死亡的恐慌，但她听任这恐慌进行，结果这恐慌最终化为最纯粹的悲伤。她在这纯粹的悲伤中自然地拥抱了她的人生真相，她第一次彻底地承认"你很惨"，结果这一彻底的承认立即把她从人生悲剧的旋涡中拉了出来。于是，又出来了下半句彻底积极的话："但你有力量好好活下去！"

这一句话是自然涌出的，Z 没做过丝毫努力，她只是在放声痛哭而已。但这个自然而然的过程，就是最根本性的治疗力量，这可以用克里希那穆提的话来诠释：

只有眼前的"真相"才是实况，如果你能觉察到"真相"而不跳到相反的状态，这份觉察的本身就能带来秩序。

不是我们刻意去追求秩序，我们只需放下，放下执着的幻象，放下加诸别人身上的虚妄。如果恐慌产生，就听任恐慌进行；如果悲伤产生，就听任悲伤进行……最终，我们会在某一瞬间，彻底拥抱自己的人生真相，也就在这一瞬间，我们被拯救了。

或许，你尝试过去拥抱人生真相，你悲伤了，你愤怒了，但于事无补，并且心态好像变得更加糟糕了。那么，我建议你好好去体会一下，你的悲伤和愤怒中是不是仍然有着对别人的执着——你仍然渴望改变别人，于是悲伤成了哀怨，愤怒成了怨恨。只要掺杂着对别人的执着，你的悲伤和愤怒就不会是治疗性的。

我听了数以千计的故事，但很少有人比Z更悲惨。这可能恰恰是她被拯救的一个重要原因。无数人都有过放声痛哭的经历，但这种痛哭中，多数人总还有亲人可以期望，于是无意中继续着对他人的执着。但Z不同，她身边再没有任何人可以依靠了，她对所有亲人都失去了期望，并且她还没有一个朋友，她只剩下了她自己。她没有别的选择，只好放弃改造梦想。她放弃得如此彻底，于是奇迹产生了。

觉察到执着，就能放下了

拥抱真相是解脱的唯一途径，除此以外没有别的路可走。我们必须诚实地直面自己的人生真相，这时不管产生什么感受，都要尊重它。随着感受越来越纯粹，它最终会将你带向解脱。

讲一个我自己的小故事。一天晚上约12时，我准备睡觉前，打开了邮箱，想最后收一下电子邮件，也的确收到了一封电子邮件。邮件里一个朋友说，他的一个朋友的弟弟最近老觉得有鬼跟着自己，该怎么办？

这封信令我毛骨悚然，一股寒气从脚下腾地升起，令我一下子陷入了恐惧中。不行，不能就这么睡觉，会做噩梦的，我对自己说，应该做一些阳光点儿的事把这种恐惧冲一冲。于是，我没关电脑，一会儿读一些轻松、愉快的文字，一会儿又翻看了自己拍摄的一些照片，还做了些其他的琐事。但是，那种恐惧会不时地袭击我一下，令我再次陷入恐惧中。

这样过了约一个小时，我突然醒悟过来，质问自己："你不是整天和别人讲要自我觉察吗，为什么不试试这个办法？为什么非和恐惧对抗？"

于是，我停止做事，听任自己恐慌，也听任恐慌之后的其他情绪带我走向任何地方。这样过了几分钟后，我脑子里跳出了一个答案：最大的恐惧是孤独。

这句话一出来，我马上理解了到底发生过什么事情，随即也从恐惧中解脱出来。原来，我这两天是打算斩断一个重要关系，但那样会令自己陷入极其孤独的状态。而当你还执着于别人时，那么再没有人牵系的孤独其实就意味着最大的恐惧。

当你对自己的执着不够了解时，这份执着就会控制你。一旦你认识到它是什么，那么你立即就会发现，这份执着其实已不是那么重要了。相应地，依附在这份执着上的恐慌也就可以破掉了。

这是一个简单的拥抱真相的事例，假若这样的事越来越多，那么你就会觉察到并破掉自己许多不必要的执着，你的心灵就会得到越来越多的成长。

再回到所谓的"改变方法"上来。我个人认为，谈到"改变方法"，不做什么或许比做什么更重要，因为"做什么"很容易发展成一种新的执着。一些方法的确很有价值，但在使用这些方法之前，我们最好先去了解自己，了解自己的内在关系模式，了解自己的执着，以及为什么会产生那些执着。如果不做了解的工作，而是试图直接使用方法来改变自己，那么你很容易再次回到老路上，因为你的内心并没有改变。

有时候，我们渴望得到解决事情的方法，是因为我们发现，尽管知道了无数道理，但我们还是没有发生改变。这是因为，这些道理和你还没有关系，它们还不是你自己的。你必须通过自我觉察，清晰地捕捉到这些道理是如何在你自己身上展现的。等你捕捉到这些信息后，好的转变自然就会发生。只有做到这一点，这些道理才能成为你自己的。

看到的境界与达到的境界

印度哲人克里希那穆提的书，常常引起我的共鸣。譬如关于悲伤，他写道：

有没有可能完全不逃避悲伤呢？也许我的儿子去世了，这的确是很大的悲伤、震惊，然后我发现自己实在非常寂寞。我无法面对这件事，我无法忍受这件事，因此我逃避……有没有可能不采取任何形式来逃避这样的疼痛、寂寞、悲伤、震惊呢？而且还要怀着苦恼，完全与这个事件同在？你有没有可能握着任何问题，不想办法解决它，而是看着它，仿佛握着某颗珍贵的宝石、手工雕成的精美宝石……如果能够的话，思想不运动、不逃避，握着我们的悲伤，不离开事实，就会引出一股全然的释放，叫人摆脱所谓的"痛苦"。

对于我，这段文字分外亲切，令我想起了我的一段感受，写在我的《感谢自己的不完美》一书中，小标题是"最纯的悲伤宛如天籁之音"：

读研究生时，我们几个同学组成了一个心理学习小组，每星期聚一次，轮流讲自己的体验和故事。

那时，我们的心灵都披着厚厚的盔甲，总为自己的故事"涂脂抹粉"，那些故事也因此失去了力量。大约半年时间，听了许多故事，但我没有一次被打动过，直到那一次。

当时，我的一个女同学讲了一件她的伤心事：

一天晚上，一个长途电话从美国打来说，她高中班上最有才的男同学在美国五大湖上划船游览时遭遇晴天霹雳，同一条小舟上的其他人安然无恙，只有他当场身亡。

她是在北大校园的一个电话亭接的电话，那边话音刚落，她的眼泪刷刷地流了下来。接下来，她忘记还说了什么，也不知道是怎样回的宿舍。

在小组中讲这个故事的时候，那种感觉再一次袭来，她再次失声痛哭。

我们被深深地打动了，大家陪着她一同落泪，我也不例外。只是，在难过之后，我还有了一种特殊的感觉：我仿佛听到了天籁之音。

如克里希那穆提所言，这自然的悲伤的确如宝石，而我那个女同学只是握着它，这时，这就是一种美。

只是，多年以来，我总担忧自己那种感觉有一点儿另类，直到现在读了克里希那穆提的书，这种担忧才彻底消失。我才知道，我那个自然的感受，和最纯的悲伤一样，也是一种美。

比财色更有诱惑力的，是权力

克里希那穆提把很多道理说得那么透彻，我忍不住有了一丝崇拜，但我立即把这崇拜放下，因为我知道，不管他是一个多么好的哲人，他也只是一个信息的传递者。他不是那信息本身，更不是那信息的肇始者。

此外，我还知道一点：看到的境界和达到的境界，常是两回事。一个能看到很好的境界的人，未必能达到这个境界，甚至，他可能还会背离这个境界。

比财色更有诱惑力的，是权力。控制别人，让别人按照自己的意志行动，或把自己的意志强加在别人头上，这就是权力。

美国影片《断箭》中，坏主角哪怕自己死掉也要引爆核弹。他的对手质疑他是疯子，而他回答说："死也要死得有价值。"

他所谓的"价值"，就是将自己的意志强加在别人头上，一下子剥夺几十万人的生命。这是何等强大的权力，为了追寻这权力，这个坏蛋愿意去死。

以理想和崇高的名义，将自己的意志强加在别人头上，这其实是在追求同一个东西。

《断箭》中坏蛋的权力欲望，注定会受到其他人的强烈反抗，但加上一些巧妙的名义，再攫取权力，就容易多了。

然而，我深信，任何一个人，不管他能说出多么好的道理，他仍然只是一个凡人，并且必然有一个凡人的苦恼和脆弱。

由此，任何试图装扮成神的人，要么别有用心，要么有严重的精神疾病。例如，当尼采说"我是太阳"时，他就已是一个严重的精神病人了。

又如，一个网友，他写的哲理诗非常棒，写透了许多难以参透的道理。然而，我对他很担忧，因为我觉得他把自己和道理混为一谈，他认为自己可轻松地在各个境界中自由穿行。这种想法一定是妄念，是他将自己当成了这些信息的肇始者。

再如，我的心理学文章写得尚算不错，写出了一些迷人的境界。但是，我看到的许多境界，我远不能达到。一天早上，我 8 点起床，想早早开始写这篇文章，但磨磨蹭蹭一直到 10 点才开始在电脑上敲字。

怎样证明我有权力？令你受苦！

也因为同样的道理，我对禅宗很不感冒。修禅的人，说话很有机锋，许多对话也有趣极了、美极了。然而，很多这样的对话，是将看到的境界和达到的境界混为一谈了。

由此，许多禅宗中有名的公案，在我看来更像是文字游戏。

在这个混乱的世界中，我们需要一个终极的牵系。有了这个牵系，自己的灵魂就不再是孤魂野鬼。然而，任何人都不能成为这个牵系的另一方。

假若一个民族总习惯将凡人推上圣坛，那么这个民族势必会不断地重复一个轮回——他们不断地被"半神"的独裁者重重地伤害。

但这个灾难，不是那个"半神"自己制造的，而是这个民族集体参与的。

这是一个必然的逻辑，任何一个团体，一旦将某个凡人推上圣坛，那么他们最终必将被这个"半神"所伤害。

我们必须明白这一点，并永远保留对自己人生的选择权，永远拒绝任何人为我们的人生做主，因为那个人不管多么贤明，他一定仍然是个凡人，他仍然一定会谋他的私利。而最大的私利，其实不是钱财，而是权力，即把自己的意志强加在别人身上的欲望。

这种欲望，几乎必然会走到英国著名小说《1984》中一段对话所显示的地步。

奥勃良："我们对别人的好处并没有兴趣，我们只对权力有兴趣……温斯顿，一个人是怎样对另一个人发挥权力的？"

温斯顿想了一想说："通过使另外一个人受苦。"

这是将凡人推上圣坛的必然结局，那个被置于圣坛的"半神"，不管一开始多么贤明、多么高瞻远瞩、多么能为别人谋福利，最后，为了证明他拥有无所不能的权力，必然会走到这一步——使你受苦。

让感觉在你心中开花、结果

我自己看人，一直看的就是一个人整体上给我的感觉。

第一次明确地发现自己这个特点，是在大学二年级的时候。当时，认识了一个女孩，我们很投缘，很快成为知心朋友。认识她三个月后，我的一个哥们儿对她一见钟情，原因是"这个女孩的腿太长了"。

"真的吗？"我问他。他则嘲笑我说，还说是什么最好的朋友，连她最引人注目的特征都没看到。

　　下次再见到这个女孩时，我专门观察了一下，发现她的腿真是长，要比与她差不多身高的女孩普遍长 5 厘米以上，而她的身高是 167 厘米。

　　这个事情触动了我，我开始思考，我看她时、看别人时，到底在看什么？

　　最终形成的答案是，我看的是一种神情、一种气质。但这种说法并不准确，更准确的说法是，我看的是眼前那个人给我的整体印象，是一种感觉。

　　因为这一点，我看人的"能力"有时比较恐怖，经常能在很短的时间内看到对方很重要的东西。

　　譬如，也是在大学时，我认识了一个女孩。她很漂亮，气质看起来也不错，但我看到她时，总有一种特殊的感觉：好像她是透明的，我可以透过她的身体看到她身后的东西。

　　这当然是不可能的，我并没有透视眼，这不过是一种感觉而已。

　　和她的男友聊天时，我把这种感觉说给她的男友听。男友听后非常吃惊地说："你怎么会有这种感觉？你的感觉怎么会这么厉害？！"男友继续说，她是一个"空空如也"的女孩，她看似迷人，但内心很空。他早就知道她这一点，也因此更爱她，当然这爱中多了一种懂得与怜惜。

第一流的作品是感觉丰沛的作品

　　"感觉"这个词，我们经常会在欣赏文艺作品时说到。

譬如，我爱读《挪威的森林》、《情人》、《约翰·克利斯朵夫》……给别人介绍这些书时，我最常用的一个说法是"读起来很有感觉"。这时所说的感觉，一样是这个意思。这个作家触到了世界的本相，他的"我"与这个世界的本相相遇，在一刹那产生了强烈的感觉。他将这种感觉表达出来，而被我们触到，我们借由他的作品，与他，也与这个世界的本相相遇。

因此，一部文艺作品，感觉的充沛比什么都重要。作者本人未必能理性地懂得这种感觉是什么，世界的本相又是什么，他常常只能淋漓尽致地描绘，却不能清晰地给予分析和阐释。但是，分析和阐释并不重要，感觉才是根本。

譬如，我前面提到的一见钟情的例子中，我那个哥们儿说，他是因为那女孩的腿太长而对她一见钟情的。但是，这个阐释合理吗？正确吗？依照我对一见钟情的理解，这个解释往往并不正确。一见钟情发生时，会有大量潜意识层面的信息涌出，我们的意识捕捉不到，但意识仍要努力去解释。这种不可思议的事情是怎么发生的？而"这个女孩的腿太长了"只不过是意识层面的解释。解释够不够清楚并不重要，重要的是，那种感觉太强烈、太要命了。

所以，那些哲学色彩太浓重的小说，不管作者把话说得多么漂亮，小说中理论的自洽性（即一个理论自圆其说的程度）有多高，我们都不容易喜欢。相反，那些蕴含着浓浓的感觉的作品，我们常常在一瞬间就被触动了。

这样的瞬间无比重要。这一瞬间，我们通过这个作品，与这个作者、与这个世界的某些本相相遇。这种相遇，是我们内心感到充实的根本，是我们的心灵能得以安稳的根本。

国内著名的哲学家、中山大学教授刘小枫说，描绘人性的哲学家有两种，一种哲学家会拼命构建一个看似完美的哲学大厦，一种哲学家主要是讲故事。前者如德国哲学家康德和黑格尔，后者如卡夫卡、俄罗斯小说家陀思妥耶夫斯基和波兰著名导演基耶斯洛夫斯基。刘小枫认为，后者对人性的理解更有价值。我由衷地赞同这个看法，起码在我的人生中，前者对我理解人性几乎没有丝毫帮助，而后者的帮助极大。

由于同样的原因，比较米兰·昆德拉的名著《生命中不能承受之轻》和村上春树的《挪威的森林》，我更喜欢后者，而不是得到更多推崇的前者，因为米兰·昆德拉的小说中说教的味道太重了。

一部一流的小说或其他文艺作品，一定首先是作者的感觉在他的内心开花、结果的自然结果。被誉为"动画之王"的日本动画片导演宫崎骏，在导演《千与千寻》以及其他动画片时，他首先是从自己的内心寻找感觉的。

我们总是在否定孩子的感觉

丰沛的感觉并非小说家、画家、导演和音乐家等艺术家的特权，而是我们每个人的天赋能力。如果你仔细观察一个孩子，你会发现，年龄小的孩子都有纯粹而自然的感觉。所以，我们不是没有感觉，而是在后来的成长中把感觉给丢了。

感觉丢失，首先是因为身边最重要的亲人不断地否认我们的感觉。就像前面提到的孩子摔倒的例子。孩子哇哇大哭，照料他的成年人赶上前把他扶起来，对他说："不疼、不疼，别哭了。"

这算是比较好的做法，更糟糕的做法是，照料者直接训斥孩子说："摔这么一下就哭了，你怎么这么没骨气！"

这些做法都是在否认孩子的感觉。摔倒了，觉得疼，这是孩子的感觉，但大人说"你不疼"，这时，孩子的感觉就混乱了。他为了赢得大人的爱与认可，或者惧怕大人的疏远与惩罚，最后倾向于否认自己的感觉，而认同大人的说法，不哭了，甚至觉得自己不疼了。

这样一来，他就否认了自己的感觉。这样的事情发生得太多，这个孩子的感觉就会越来越迟钝。

这样的事情在我们的生活中比比皆是。

这样的事情都是在否认一个孩子的感觉。摔倒了，疼，这是他的"我"与这个世界的真相建立了关系，这种疼的感觉会自动让他形成自我保护意识。

这样的感觉会自动牵引着这个孩子认识这个世界的本相，令他知道该怎样生活、怎样自我保护。如果他的这些感觉被否定了，那么他就只能依靠理性的教条生活了，而感觉就会离他越来越远。

我自己之所以有那种看似特殊的识人"能力"，原因很简单，就是我一直以来都尊重自己的感觉。而我之所以能做到这一点，是因为我的父母很少否定我在这方面的感觉。

　　不幸的是，我们的感觉能力势必会受到家庭、学校和社会的压制，势必会有许许多多的人对你讲，你不该这样，你不该那样，你的感觉是错的，我们的看法才是对的，感觉是靠不住的，理性才是可靠的……结果，拥有丰沛感觉的人就凤毛麟角了。

　　那么，怎么恢复你的感觉？答案也很简单——尊重它。

　　如若你的心中涌动起一种感觉，那么彻底放弃与它抗争。不管它是什么，你都可以由着它在你心中自然地游走。如此，最终它会在你心中开花、结果，而且一定是你意想不到的花、意想不到的果。

你的感觉不能在别人身上开花、结果

　　在我的短文《论单纯》中，我写过这样一个事例：

　　他是知名的心理医生，她只是一个小女子，他们在一家机构合作。

　　但是，在和他们交谈几分钟后，我就断定，在看人上，她远比他有眼光。只因为，她有一颗晶莹剔透的水晶心，他没有。

　　所以，不管阅历多丰富，他都是可以被诱骗、被讨好、被糊弄的，而她不会，因为她的心太单纯。

　　我把这断言说给朋友们，他们被吓了一大跳，因为他们花了数年时间，经过很多例证，最终才"发现"她的确比他更会看人。

　　这只是因为，朋友们很不单纯，所以需要数年时间才能"相信"这一点。我够单纯，所以可以几分钟内得出这个答案。

　　仅从结果上看，这个事例似乎很特殊，因为我那么快就发现了别

人几年才能发现的本相。但从过程上看，我认为它其实一点儿也不特殊。我相信，"吓了一大跳"的朋友们其实和我一样，一开始一定也会有类似的感觉。但是，这种感觉产生之后，他们不是"由着它在心中自然地游走"，而可能首先是与它抗争，例如质疑这种感觉或者评价这种感觉，最终导致不敢相信这一感觉。

当然，质疑也罢，评价也罢，是很隐秘的心理过程。我们必须停下来，进行深度的自我觉察，才能清晰地发觉它们是怎么进行的。

一个网友在我的博客上留言说，她由着感觉指挥自己，但为什么走到了悬崖边缘？

答案很简单，她的感觉并不单纯，她的感觉藏着很多欲念。尤其重要的是，她的这些欲念是针对别人的，即她的恋人，她一定是渴望恋人用某种方式爱她。这是欲念，是要求，是要求恋人不顾他自己的感觉，而按照她的欲念来对待她，这不是感觉。

并且，我强调的是，"让感觉在你心中开花、结果"。我们应该先做到这一点，而不是"让感觉在别人身上开花、结果"。

尊重感觉，就是让感觉在心中自然产生、自然游走，不对它做任何工作，正如克里希那穆提所说：

有没有一种感觉，其中是没有念头的？你能不能安于这种感觉之上，既不指挥它、改变它，也不以好坏来论断它？试试看。

大扫除……

现代都市，保姆和钟点工越来越流行。

自己的时间是宝贵的，可以折算成金钱，折算成心情，折算成享受……如此，不妨请一下钟点工，把所有的日常琐事都交给他，把更多的时间留给自己。

不过，有些时候，我劝你不妨自己做一下家里的清洁工。因为，清洁宛若一个仪式，你在清洁一个又一个房间时，也仿佛在清洁自己的一个又一个心房。

我正在这样做。不过一个 80 平方米的两室两厅的房子，我已经大扫除快一个月了。

一开始，我想两天内把它收拾干净，但收拾卧室的时候，忽然感觉到自己的内心也同步获得了清洁。清洁地板、擦拭窗台、清洗床单的时候，我的内心经常被触动。这时候，我就干脆停下来，或坐下，或站着，好好地发一会儿呆，让内心的感触自然流动。等这感触结束后，我再继续清洁。

就这样，大扫除的速度慢了下来，一个卧室就收拾了快一个星期。卧室里的所有东西都清洁了一遍，而内心的很多东西都被触动了，很多东西变得越来越清晰。最后，看着洁净的房间，很清晰地觉得，内心也有一块儿不小的地盘变得非常清净了。

最近一段时间，内心纠缠得厉害，太多的感受、太多的情绪都要梳理。也正是在这个过程中，随手翻起了友人送自己的一本书——《灵魂的黑夜》。书里有这样一段话：

"如果你发现自己正处于一场困扰的婚姻或其他种类的关系中，或者觉得自己被驱使着追求社会成就或经济成就，也许你需要的就是一场大扫除……从这个意义上来讲，每天早晨整理床铺就是一种精神举动。"

这段话直接说到了我的心坎里，我忍不住想对无数人大喊一声："来一场大扫除吧！"

Part

4

七个心理寓言

······

七个关于心理健康的寓言，从故事中获得成长的感悟。

成长的寓言：做一棵永远成长的苹果树

一棵苹果树，终于结果了。

第一年，它结了 10 个苹果，9 个被拿走了，自己得到了 1 个。对此，苹果树愤愤不平，于是自断经脉，拒绝成长。第二年，它结了 5 个苹果，4 个被拿走了，自己得到了 1 个。"哈哈，去年我得到了 10%，今年得到 20%！翻了一番。"这棵苹果树心里平衡了。

但是，它还可以这样：继续成长。譬如，第二年，它结了 100 个果子，被拿走 90 个，自己得到 10 个。

很可能，被拿走 99 个，自己得到 1 个。但没关系，它还可以继续成长，第三年结 1000 个果子……

其实，得到多少果子不是最重要的，最重要的是，苹果树在成长！等苹果树长成参天大树的时候，那些曾阻碍它成长的力量都会微弱到可以忽略。真的，不要太在乎果子，成长是最重要的。

心理点评：

你是不是一个已"自断经脉"的打工仔？

刚开始工作的时候，你才华横溢、意气风发，相信"天生我材必有用"。但现实很快敲了你几记闷棍，或许，你为单位做了很大贡献没人重视；或许，只得到口头重视却得不到实惠；或许……总之，你觉得就像那棵苹果树，结出的果子自己只享受到很小一部分，与你的期望相去甚远。

于是，你愤怒，你懊恼，你牢骚满腹……最终，你决定不再那么努力，让自己的所做去匹配自己的所得。几年过后，你一反思，发现现在的你已经没有刚工作时的激情和才华了。

"老了，成熟了。"我们习惯这样自嘲。实质是，你已停止成长了。

这样的故事在我们身边比比皆是。

之所以犯这种错误，是因为我们忘记了生命是一个历程，是一个整体，我们觉得自己已经成长过了，现在是到该结果子的时候了。我们太在乎一时的得失，而忘记了成长才是最重要的。

好在，这不是金庸小说里的自断经脉，我们随时可以放弃这样做，继续走向成长之路。

切记：

如果你是打工仔，遇到了不懂管理、野蛮管理或错误管理的上司（或者企业文化），那么，提醒自己一下，千万不要因为激愤和满腹牢骚而"自断经脉"。不论遇到什么事情，都要做一棵永远成长的苹果树，因为你的成长永远比每个月拿多少钱重要。

动机的寓言：孩子在为谁玩

一群孩子在一位老人家门前嬉闹，叫声连天。几天过去，老人难以忍受。

于是，他出来给了每个孩子 25 美分，对他们说："你们让这儿变得很热闹，我觉得自己年轻了不少，这点儿钱表示谢意。"

孩子们很高兴，第二天仍然来了，一如既往地嬉闹。老人再出来，给了每个孩子 15 美分。他解释说，自己没有收入，只能少给一些。15 美分也还可以吧，孩子仍然兴高采烈地走了。

第三天，老人只给了每个孩子 5 美分。

孩子们勃然大怒："一天才 5 美分，知不知道我们多辛苦！"他们向老人发誓，再也不会为他玩了！

心理点评：

这是我在 2005 年 6 月 18 日的《你职业枯竭了吗？》一文中提到的寓言。这个寓言是苹果树寓言更深一层的答案：苹果树为什么会自断经脉，因为它不是为自己而"玩"。

人的动机分两种：内部动机和外部动机。如果按照内部动机去行动，我们就是自己的主人。如果驱使我们的是外部动机，我们就会被外部因素所左右，成为它的奴隶。

在这个寓言中，老人的算计很简单，他将孩子们的内部动机"为自己快乐而玩"变成了外部动机"为得到美分而玩"，而他操纵着美分这个外部因素，所以也操纵了孩子们的行为。寓言中的老人，像不像是你的老板或上司？而美分，像不像是你的工资、奖金等各种各样的外部奖励？

如将外部评价当作参考坐标，我们的情绪就很容易出现波动。因为，我们控制不了外部因素，它很容易偏离我们的内部期望，让我们不满，让我们牢骚满腹。不满和牢骚等负面情绪让我们痛苦，为了减少痛苦，我们只好降低内部期望，最常见的方法就是降低工作的努力程度。

一个人之所以会形成外部评价体系，最主要的原因是父母喜欢控制他。父母太喜欢使用口头奖惩、物质奖惩等控制孩子，而不去理会孩子自己的动机。久而久之，孩子就忘记了自己的原始动机，做什么都很在乎外部的评价。上学时，他忘记了学习的原始动机——好奇心和学习的快乐；工作后，他又忘记了工作的原始动机——成长的快乐，上司的评价和收入的起伏成了他工作时快乐和痛苦的源头。

切记：

外部评价系统经常是一种家族遗传，但你完全可以打破它，从现在开始"培育"自己的内部评价体系，让学习和工作变成"为自己而玩"。

规划的寓言：把一张纸折叠 51 次

想象一下，你手里有一张足够大的白纸。现在，你的任务是把它折叠 51 次。那么，它有多高？

一个冰箱，一层楼，或者一栋摩天大厦那么高？不是，差太多了，这个厚度超过了地球和太阳之间的距离。

心理点评：

这是我在 2005 年 12 月 24 日的文章《职业规划：帮你设计人生》

中提到的一个寓言。

到现在，我拿这个寓言问过十几个人了，只有两个人说，这可能是一个想象不到的高度，而其他人想到的最高的高度也就是一栋摩天大厦那么高。

折叠 51 次的高度如此恐怖，但如果仅仅是将 51 张白纸叠在一起呢？

这个对比让不少人感到震惊。而没有方向、缺乏规划的人生，就像是将 51 张白纸简单地叠在一起。今天做这个，明天做那个，每次的努力之间并没有联系。这样一来，哪怕每个工作都做得非常出色，它们对你的整个人生来说也不过是简单地叠加而已。

当然，人生比这个寓言更复杂一些。有些人一生认定一个简单的方向而坚定地走下去，他们的人生最后达到了别人不可企及的高度。譬如，我一个朋友的爱好是学英语，他花了十几年工夫，仅单词的记忆量就达到了十几万。在这一点上，他达到了一般人无法企及的高度。

还有些人，他们的人生方向也很明确，譬如开公司当老板。这样，他们就需要很多技能——专业技能、管理技能、沟通技能、决策技能等。他们可能会在一开始尝试做这个，又尝试做那个，没有一样是特别精通的，最后，开公司当老板这个方向将以前这些看似零散的努力统合到一起。这也是一种复杂的人生折叠，而不是简单地叠加。

切记：

看得见的力量比看不见的力量更有用。

现在，流行从看不见的地方寻找答案，譬如潜能开发，譬如成功学，以为我们的人生要靠一些奇迹才能得救。但是，在我看来，通过规划利用好现有的能力，远比挖掘所谓的"潜能"更重要。

逃避的寓言：小猫逃开影子的招数

"影子真讨厌！"小猫汤姆和托比都这样想，"我一定要摆脱它。"

然而，汤姆和托比发现，不管走到哪里，只要一出现阳光，它们就会看到令它们抓狂的自己的影子。

不过，汤姆和托比最后终于都找到了各自的解决办法。汤姆的方法是，永远闭着眼睛。托比的办法则是，永远待在其他东西的阴影里。

心理点评：

这个寓言说明，一个小的心理问题是如何变成更大的心理问题的。

可以说，一切心理问题都源自对事实的扭曲。什么事实呢？主要就是那些令我们痛苦的负性事件。

因为痛苦的体验，我们不愿意去面对这个负性事件。但是，一旦发生了，这样的负性事件就注定要伴随我们一生。我们能做的，最多不过是将它们压抑到潜意识中去，这就是所谓的"忘记"。

但是，它们在潜意识中仍然会一如既往地发挥作用。并且，哪怕我们对事实遗忘得再彻底，这些事实所伴随的痛苦仍然会袭击我们，让我们莫名其妙地伤心、难过，而且无法抑制。这种疼痛让我们进一步努力去逃避。

发展到最后，通常的解决办法就是这两个：第一，我们像小猫汤姆一样，彻底扭曲自己的认知，对生命中所有重要的负性事件都视而不见；第二，我们像小猫托比一样，干脆投靠痛苦，把自己的所有事情都搞得非常糟糕。既然一切都那么糟糕，那个让自己最伤心的原初事件就不会那么疼了。

白云心理医院的咨询师李凌说，99%的吸毒者有过痛苦的遭遇。他们之所以吸毒，是为了让自己逃避这些痛苦。这就像是躲进阴影里，痛苦的事其实是一个魔鬼，为了躲避这个魔鬼，干脆把自己卖给更大的魔鬼。

还有很多酗酒的成年人，他们有酗酒而暴虐的老爸，挨过老爸的不少折磨。为了忘记这种痛苦，他们学会了同样的方法。

除了这些看得见的错误方法外，我们人类还发明了无数种形形色色的方法去逃避痛苦，弗洛伊德将这些方式称为"心理防御机制"。太痛苦的时候，这些防御机制是必要的。糟糕的是，如果心理防御机制对事实扭曲得太厉害，它就会带出更多的心理问题，譬如强迫症、社交焦虑症、多重人格，甚至精神分裂症等。

真正抵达健康的方法只有一个——直面痛苦。直面痛苦的人会从痛苦中得到许多意想不到的收获，它们最终会变成当事人的生命财富。

切记：

阴影和光明一样，都是人生的财富。

一个重要的心理规律是，无论多么痛苦的事情，你都是逃不掉的。你只能去勇敢地面对它、化解它、超越它，最后和它达成和解。如果你暂时缺乏力量，可以寻找帮助，寻找亲友的帮助，或寻找专业的帮助，让你信任的人陪着你一起去面对这些痛苦的事情。

美国心理学家罗杰斯曾是最孤独的人，但当他面对这个事实并化解后，他成了真正的人际关系大师；美国心理学家弗兰克有一个暴虐而酗酒的继父和一个糟糕的母亲，但当他挑战这个事实，并最终在心中原谅了父母后，他成了治疗这方面问题的专家；日本心理学家森田正马曾是严重的神经症患者，但他通过挑战这个事实，最终发明出了森田疗法……他们生命中最痛苦的事实最后都变成了他们最重要的财富。你，一样也可以做到。

行动的寓言：螃蟹、猫头鹰和蝙蝠

螃蟹、猫头鹰和蝙蝠去上恶习改正班。数年过后，它们都顺利毕业并获得了博士学位。不过，螃蟹仍横行，猫头鹰仍白天睡觉，晚上活动，蝙蝠仍倒悬。

心理点评：

这是黄永玉大师讲的一个寓言故事，它的寓意很简单：行动比知识重要。

用到心理健康中，这个寓言也发人深省。

心理学的知识堪称博大精深，但是，再多、再好的心理学知识也不能自动帮助一个人变得更健康。其实，我知道的一些学过多年心理学的人士，他们学心理学的目的之一就是治疗自己，但学了多年以后，他们的问题依旧存在。

之所以出现这种情况，一个很重要的原因是，他们没有身体力行。那样知识就只是遥远的知识，并没有化成他们自己的生命体验。

我有一个喜欢心理学的朋友，曾被多名心理学人士认为不敏感，不适合学心理学。事实证明，这种揣测并不正确。他是不够敏感，但他有一个非常大的优点：知道一个好知识点，就立即在自己的生命中去执行。这样一来，那些遥远的知识就变成了真切的生命体验，他不必"懂"太多，就可以帮助自己，并帮助很多人。

如果说高敏感度是一种天才素质，那么高行动力是更重要的天才素质。

这个寓言还可以引申出另一种含义：不要太指望神秘的心理治疗的魔力。最重要的力量永远在你自己的身上，神秘的知识、玄妙的潜能开发、炫目的成功学等，都远不如你自己身上已有的力量重要。我们习惯去外面寻找答案，去别人那里寻找力量，结果忘记了力量就在自己身上。

切记：

别人的知识不能自动地拯救你。

如果一些连珠的妙语打动了你，如果一些文字或新信条启发了你，那么，这些别人的文字和经验都只是一个开始。更重要的是，你要把你以为好的知识真正运用到自己的生命中去。

犹太哲学家马丁·布伯的这段话，我一直认为是最重要的：

"你必须自己开始。假如你自己不以积极的爱去深入生存，假如你不以自己的方式去为自己揭示生存的意义，那么对你来说，生存就将依然是没有意义的。"

放弃的寓言：蜜蜂与鲜花

　　玫瑰花枯萎了，蜜蜂仍拼命吮吸，因为它以前从这朵花上吮吸过甜蜜。但是，现在在这朵花上，蜜蜂吮吸的是毒汁。

　　蜜蜂知道这一点，因为毒汁苦涩，与以前的味道有天壤之别。于是，蜜蜂气愤不过，它每吸一口就抬起头来向整个世界抱怨："为什么味道变了？！"

　　终于有一天，不知道是什么原因，蜜蜂扇动翅膀，飞高了一点儿。这时，它发现，枯萎的玫瑰花周围，处处是鲜花。

心理点评：

　　这是关于爱情的寓言，是一位年轻的语文老师的真实感悟。

　　有一段时间，她失恋了，很痛苦，一直想约我聊聊，希望我的心理学知识能给她一些帮助。我们一直约时间，但两个月快过去了，两人的时间总不能碰巧凑在一起。

　　最后一次约她，她说："谢谢！不用了，我想明白了。"

　　原来，她刚从九寨沟回来。失恋的痛苦仍在纠缠着她，让她神情恍惚，不能欣赏九寨沟的美景。不经意的时候，她留意到一只小蜜蜂在一朵鲜花上采蜜。那一瞬间，她脑子里电闪雷鸣般出现了一句话："枯萎的鲜花上，蜜蜂只能吮吸到毒汁。"

当然，大自然中的小蜜蜂不会这么做，只有人类才这么傻，她这句话里的蜜蜂当然指她自己。这一刹那，她顿悟出了放弃的道理。以前，她想让我帮她走出来，其实翅膀就长在她自己身上，她想飞就能飞。

放弃并不容易，爱情中的放弃尤其令人痛苦。因为，爱情是对我们幼小时候的亲子关系的复制。幼小的孩子，无论从哪个方面看，都离不开爸爸妈妈。如果爸爸妈妈完全否定他，那对他来说就意味着死亡，这是终极的伤害和恐惧。我们多多少少都体验过被爸爸妈妈否定的痛苦和恐惧，所以，当爱情——这个亲子关系的复制品再一次让我们体验这种痛苦和恐惧时，我们的情绪很容易变得非常糟糕。

不过，爱情和亲子关系相比，有一个巨大差别：小时候，我们无能为力，一切都是父母说了算；但现在，我们长大了，我们有力量自己去选择自己的命运。可以说，童年时，我们是没有翅膀的小蜜蜂，但现在，我们有了一双强有力的翅膀。

但是，当深深地陷入爱情时，我们会回归童年，我们会忘记自己有一双可以飞翔的翅膀。等我们自己悟出这一点后，爱情就不再会是对亲子关系的自动复制，我们的爱情就获得了自由，我们就有了放弃的力量。

切记：

爱情是两个人的事情，两个完全平等的、有独立人格的人的事情。你可以努力，但不是说，你努力了就一定会有效果，因为另一个人，你并不能左右。

所以，不管你多么在乎一份爱情，如果另一个人坚决要离开你，都请尊重他的选择。

并且，还要记得，你不再是童年的你，只能听凭痛苦来折磨你。你已成人，有一双强有力的翅膀，完全可以飞出一个已经变成毒药的关系。

亲密的寓言：独一无二的玫瑰

小王子有一个小小的星球，星球上忽然绽放了一朵娇艳的玫瑰花。以前，这个星球上只有一些无名的小花，小王子从来没有见过这么美丽的花，他爱上了这朵玫瑰，细心地呵护她。

那段日子，他以为，这是一朵人世间唯一的花，只有他的星球上才有，其他的地方都不存在。

然而，来到地球上的他发现，仅仅一个花园里就有5000朵完全一样的这种花。这时，他才知道，他有的只是一朵普通的花。

一开始，这个发现让小王子非常伤心。最后，小王子明白，尽管世界上有无数朵玫瑰花，但他星球上的那朵，仍然是独一无二的，因为那朵玫瑰花，他浇灌过，给她罩过花罩，用屏风保护过，除过她身上的毛虫，还倾听过她的怨艾和自诩，聆听过她的沉默……一句话，他驯服了她，她也驯服了他，她是他独一无二的玫瑰。

"正因为你为你的玫瑰花费了时间，这才使你的玫瑰变得如此重要。"一只被小王子驯服的狐狸对他说。

心理点评：

这是法国名著《小王子》中一个有名的寓言故事，我曾读过十余遍，但是直到 2005 年才明白其中的深意。

面对着 5000 朵玫瑰花，小王子说："你们很美，但你们是空虚的，没有人能为你们去死。"

只有倾注了爱，亲密关系才有意义。但是，现在我们越来越流行空虚的"亲密关系"，最典型的就是因网络而泛滥的一夜情。

我们急着去拥有。仿佛是，每多拥有过一朵玫瑰，自己的生命价值就多了一分。网络时代，拥有过数十名情人，已不再是太罕见的事情。但我所了解的这些滥情者，没有一个不是空虚的。他们并不享受关系，他们只享受征服。

"征服欲望越强的人，对于关系的亲密度越没有兴趣。"广州白云心理医院的咨询师荣伟玲说，"没有拥有前，他们会想尽一切办法拉近关系的距离。一旦拥有，他们就会迅速丧失对这个亲密关系的兴趣。征服的欲望越强，丧失的速度越快。"

对于这样的人，一个玫瑰园比起一朵独一无二的玫瑰花来，更有吸引力。

然而，关系的美，正在于两个人的投入程度和被驯服程度。当两个人都自然而然地投入，自然而然地被驯服后，关系就会变成人生养料，让一个人的生命变得更充盈、更美好。

但是，不管多么亲密，小王子仍是小王子，玫瑰仍是玫瑰，他们仍然是两个个体。如果玫瑰不让小王子旅行，或者小王子旅行时非将玫瑰花带在身上，两者一定要时刻黏在一起，关系就不再是享受，而会变成一个累赘。

切记：

一个既亲密而又相互独立的关系，胜于一千个一般的关系。这样的关系会把我们从不可救药的孤独感中拯救出来，是我们生命中最重要的一种救赎。

如果不曾体验过，你就无法知道这种关系的美。

Part

5

心灵成长书吧

······

　　好书的真正价值，不是科学与正确，不是知识丰富，而是，它能帮助你成为一个人。

《不要用爱控制我》

作者：帕萃丝·埃文斯

译者：郑春蕾　梅子

启迪性：5.0 分

易读性：4.5 分

趣味性：4.0 分

推荐度：5.0 分

推荐理由：

这本书，每个家庭都应该拥有一本。

　　因为，最常见的恶性事件，不是发生在陌生人之间，而是发生在亲人之间。

　　譬如，多个独立调查显示，刑事案件有三分之一发生在亲人之间。在这些恶性事件中，至少有一小部分看不到"钱权名利"等物质因素的参与，那些肇事者经常是以爱的名义行恶。当他们说，他们的确是因为爱才向对方泼硫酸，或者砍上几十刀的时候，还显得极其真诚。

　　这种恶性事件还包括大量的精神性伤害，譬如彻底控制对方，不论有多大的物质损失，都坚持让对方与所有的亲朋好友断绝关系；譬如用尽各种办法伤害恋人，毁掉他们的生活和前程……这样做的时候，他们仍然会说，我太爱他（或她）了，所以才这么做。

　　实际上，这不是爱，而是控制。把控制说成爱，是最常见的谎言之一，而且对这个谎言，我们很容易信以为真，并因此受伤或伤人。

　　关于对亲人的控制欲望，许多学者写了许多本书，但我还不知道有哪本书比帕萃丝·埃文斯的这本著作写得更透彻、更有震撼力。

　　或许，你认为以上这些例子太"极端"了。那么，说一些普通的。

　　你肯定见过许多人，在同事、朋友和陌生人面前表现得非常有礼貌、非常尊重对方，唯独对配偶或孩子表现得特别没有耐心、特别粗暴。你或许会猜，这个人一定是对自己的配偶失去了爱，恰恰相反，当事人会表示，他爱对方，且根本离不开对方。

　　这些现象，如果让你迷惑不解过，那么，你可以在这本书中找到答案。

　　如果你特别爱控制配偶，或者你就是配偶的强烈控制欲的牺牲品，那么这本书是必读书。

如果读懂了这本书——这不难做到，那么你会明白很多事情：为什么开车时脾气大；为什么初恋失败其实是一件好事；为什么你的上司那么难以相处；为什么不管你怎么做，你的父母都指责你做得不对。就像前文说的我那位朋友，他把水杯放到桌子左边，他父亲会斥责他为什么不放到右边，但他猜如果他放到右边，父亲肯定会斥责他为什么不放到左边。

这是一本魔书，但又是一本写得极其通俗易懂的书，只是略少点儿趣味。

《中毒的爱》（原名《中毒的父母》）

作者：苏珊·福沃德　克雷格·巴克
译者：许效礼

启迪性：4 分
易读性：5 分
趣味性：4 分
推荐度：4.8 分

推荐理由：

对这本重要的书的"启迪性"只给 4 分，只是因为美国女心理学家苏珊·福沃德在这本书中披露的，是我们随处都能看到的事实。但是，面对这个事实，我们中的许多人宁愿闭上眼睛，因为这个事实太痛苦了，也太难以面对了。

譬如，本书一开始谈到一个叫戈登的来访者。当谈到父亲时，他描绘说："他很了不起，病人都把他看成圣人。"实际上，这个"圣人"每星期都会用皮带抽儿子两三次。

没有人愿意承认自己生活在痛苦中，戈登也不例外。所以，他不仅对别人，也对自己说，爸爸爱他，爸爸好得像个圣人。

这是他在自己生命中制造的最大的谎言，和其他所有谎言一样，这个谎言最后演变成了他的心理障碍。

"没有父母不爱孩子"，这句话是这个世界上最大的谎言之一。如果真是这样，这个世界会比现在至少要美好 100 倍。譬如，如果希特勒的老爸不狂暴地虐待自己的儿子，世界上就会少一个战争狂人。

做孩子的，需要去面对这个真相。

做父母的，一样需要去面对这个真相。

因为，父母也曾是孩子。几乎可以肯定地说，那些中毒的父母的父母，一样也是中毒的父母。这是一种心理上的遗传。

所以，承认这个真相，并不是为了把自己的心理问题的责任完全推卸到父母身上，而是为了从自己开始，斩断这个家族遗传，让自己成为这个遗传的最后一个链条。

在这本书中，福沃德详尽地描绘了各类中毒的父母，并对症下药地提供了治疗和自我治疗的一些行为技巧，使得一般读者也可以把这本书当作自助读物来阅读。

不过，如果读这本书时觉得太痛苦了，那么，我建议你还是去做一下心理治疗。在心理医生的陪伴下，去直面这个事实。这个事实的真相，远比我们想象的更难以面对。

此外，我建议读完这本书后，再读一下海灵格的《谁在我家》。在描述父母的中毒上，福沃德描绘得非常好了，但是，在分析孩子对待中毒的父母的态度上，以及孩子到最后是怎样必须原谅父母这一点上，我认为海灵格更富洞察力。

《爱是一种选择》

作者：汉姆菲特　米勒　米尔
译者：王英

启迪性：5.0 分
易读性：5.0 分

趣味性：4.8 分

推荐度：5.0 分

推荐理由：

你是这个家的好人。他是这个家的坏蛋。

你重任在肩，里里外外都是自己一肩挑。

他只会破坏，对你恶言恶语加拳打脚踢，还去找第三者……而这一切，他都做得那么理直气壮。

显然，他依赖你。但是，你是否也离不开他呢？

你不肯承认，你认为这是地狱般的生活，并发誓要结束这种生活。于是，你离开他，另找一个异性组建新家庭。

很快，你发现他一样是个坏蛋……

这是很多女人的人生模式，也是很多男人的人生模式。他们自己活得非常辛苦，但他们的辛苦都被伴侣给糟蹋了。

为什么会这样？

这本书给出了答案：因为你患上了"拖累症"。所谓的"拖累症"，即你习惯甚至喜欢上被另一个人所拖累，意识上你总会抱怨这个人，潜意识中却很依赖这种拖累。

譬如，一个女人嫁给了一个酒鬼，她不堪忍受，极力要求丈夫去做治疗。但当丈夫戒除了酒瘾，成为一个好男人后，这个女人却提出了离婚。然后，她又找了一个酒鬼做丈夫。

再如，一个事业有成的男人娶了个酒鬼做妻子，他劝妻子去做心理治疗以戒除酒瘾。当心理治疗进行得很顺利，妻子的酒瘾大大改善时，这个男人却开始用种种有意无意的举动，试图阻碍妻子的治疗。

这又是为什么？

这是因为，这些"好女人"或"好男人"，他们的"好"是需要"坏"做衬托的。

"好人"找"坏人"有瘾

他们的内心深处是自恋的，他们很以自己的"好"而自得。但这种"好"是孩子式的，是过分自我牺牲的。并且，这种"好"必须和"坏"在一起才能展现出来，才能让"好人"充分觉得自己多么好。

所以，他们会像上了瘾一样去寻找"坏人"。

譬如，一场舞会上，一个"好人"会天然被"坏人"吸引，而那个"坏人"也会天然对这个"好人"产生好感。

一物降一物，世界因此而丝丝入扣。"好人"的总量与"坏人"的总量是基本相当的，任何人都不必发愁找不到让自己有"感觉"的伴侣。

"好人"很可怜，"坏人"很可恨。这是这个世界最常见的情感，这种情感正是家庭中的"好人"所需要的，他们会因为和"坏人"绑在一起而产生道德上的优越感。某个好莱坞女明星，找了一个丈夫，发现他很暴力，于是付出一大笔离婚费离开他。她又找了一个丈夫，发现他一样暴力，于是又付出一大笔费用离开他。她再找，结果这个男人同样暴力……

一些男人也在这样做。天涯论坛上一个男人发表了一个帖子，题目是"女人不要太过分"。原来，他虽然很富有，但很节俭，却负担着前妻、前女友等女人很过分的奢华生活。

不必同情那个女明星，也不必同情这个男人。他们这么做，其实是在寻求潜意识深处的快感，而这种快感是受虐性的。当被人虐待的时候，他们内心深处会认为自己是个圣人，认为自己是道德君子。

这当然很危险。如果你也意识到了这种危险，而且渴望改变，那么，这本书是无可替代的。

在我所有推荐过的图书中，这本书的推荐度可以列在第一位。它虽然不及《少有人走的路》更富有文采和智慧，但更实用、更具可操作性。所有习惯在家中、在公司里、在朋友间很过分地扮演"好人"的人，都该读一读这本书。

《少有人走的路》

作者：M. 斯科特·派克（又译 M. 斯考特·派克）

译者：于海生

启迪性：5.0 分

易读性：4.8 分

趣味性：4.5 分

推荐度：5.0 分

推荐理由：

或许，这本书是这个世界上目前最好的心理学"科普"著作了。

这样说，可能是笔者孤陋寡闻，看的书还远不够多，而且有不可避免的个人感情因素，那么，可以换一种说法：

自 1978 年出版以来，这本书连续 652 个星期排在《纽约时报》畅销书排行榜（这是美国最重要的图书排行榜）上，这是一个空前绝后的纪录。

尽管没做广告宣传，但这本书在出版后 20 年间仅在美国就发行上千万册，超过同期的《圣经》发行量。

不仅如此，一个在伦敦修学多年的朋友对我说，她身边的许多朋友都读过派克的这本书。

之所以将"科普"二字加双引号，是因为我觉得，这更是一本大师级的心理学著作，足以与心理学乃至人性哲学史上的任何一本名著媲美。普通读者可以从这本书中得到非凡的启迪，专业读者一样也可以从中得到一次心灵的洗礼。

一般的心理学科普著作，无法同时做到这两点。在我看来，这是因为多数的科普著作不过是在介绍心理学知识和术语。不管其语言多么优美，书里的内容都给我很遥远的感觉。并且，这些书很像是大人写给小孩子看的，但是大人自己对这些知识和术语也缺乏真正的领悟。

但是，派克的这本书不同，书中讲述的这些内容，对一个专业的心理学人士而言，刚开始看似乎没有什么超然的地方，几乎所有的内容，你可能都已经了解了，但一页一页地翻下去，你仍然会不断地受到震撼和触动，这是因为这些内容都有派克本人的生命体悟做佐证。

最好的心理学著作，一定是作者用自己的生命体悟来写的。否则，我们从一本书中掌握再多的心理学知识和术语，也未必会有什么收获。

这本书在国内至少有两个译本：《心灵地图》沿用的是台湾的意译法，这个版本目前已无法买到；而另外一个译本《少有人走的路》，是英文书名的直译，这个译本还可以从一些网络书城买到。此外，在网上还可以比较方便地搜索到它的电子版。

我自己喜欢"心灵地图"这个书名。派克认为，我们都有一个心灵地图来指引自己的意识和行动，问题是，很多人的地图过时了。譬如，童年有糟糕的父母，小孩子必须警惕不值得信任的亲人，以保护自己，这样他就形成了不信任的心灵地图。在童年，这个心灵地图是保护他的。问题是，等长大了，自己具有了强大的力量时，他仍然持有这个心灵地图，结果不仅伤害了别人，也伤害了自己。

我们必须学会及时修正自己的心灵地图，从而走上爱与成长之路，这是这本书的全部宗旨。修正心灵地图是一件非常困难的事情，让童年缺少爱的人重新学会自爱和爱别人也是一个巨大的挑战。假若你决心这样做，那么这本书一定会给你带来很大帮助。

我期望这本书至少能在国内发行 70 万册，那么它一定会在相当程度上提升我们整个社会的心理健康水平。

《沉重的肉身》

作者：刘小枫

启迪性：5.0 分

易读性：4.0 分

趣味性：4.8 分

推荐度：5.0 分

推荐理由：

假设你懂得了所有的心理学理论，掌握了所有的心理学技术，那么，你是不是将不再痛苦，也不再困惑？

答案自然是否定的。

譬如，你仍有可能要面对这样一个问题：你爱一个人，但那个人不爱你，无论你怎么努力，他都不爱你。这时，无论你的心理学素养多么高，你的心一样会产生被撕裂的疼痛。

每个人都有自己特定的性情，两个性情相契的人的相遇是无比美好的。问题是，太多的相遇是误会，是错过。心理学能帮助你懂得到底发生了什么，但无法帮你把一个错误的相遇变成美好的。

你心疼了，怎么办？

再如，有这样一个看似更好一点儿的问题：你爱她，她也爱你，但是，你面临着这样一个诱惑——一个迷人的女子只求和你有一个晚上的欢娱，此外不给你任何压力。

那么，你该怎么办？

这两个"该怎么办"的问题，其实都不属于心理学范畴，而属于伦理学范畴。

《沉重的肉身》就是一本关于伦理学的著作，作者刘小枫是中山大学哲学系教授，在国内拥有很高的声誉。不过，我多年前买这本书时，并不知道刘小枫是谁，只是在书店里读了几页，感到这本书能温暖当时我那颗正疼痛的心，于是买了它。

后来，在自己的人生暗夜中，这本书也一次又一次给我温暖。这种温暖，可以令我更温和、更宽容，而不至于变成一把锋利而冰冷的解剖人性的手术刀。

生命的意义在于选择，但是，每一次选择都是赌博，而用以投掷的骰子，就是我们的肉身。

因为选择不同，我们的肉身，可轻逸，也可沉重。如果什么都不承担，就是轻逸的；如果承担了一些很有重量的东西，就是沉重的。

选择轻，还是选择重？

肉身之外，是否有灵魂单独存在？

《沉重的肉身》梳理的是欧洲人在这一问题上走的路线。从古希腊开始，欧洲人的这一路线有轻也有重，但主要的路线是重，因为承担着基督教的信仰。按照刘小枫的说法，每个人心中都有一个神，人的肉身因承担着这个神而变得沉重。

到了 19 世纪，上帝死了，神给人的肉身强加的重量消失了。随后，出现了两条路线。

第一条路线仍然是沉重的。上帝死了，这个源自神的重量消失了，但卢梭这样的先哲和罗伯斯庇尔这样的统治者重新给人找到了一个很有重量的东西，即国家、民族等人类共同体的共同意志。

第二条路线是轻逸的。上帝死了，而一些人还看到，人类共同体的共同意志最后总要成为少数统治者的意志，于是他们不再承担这两种重量。他们认为，肉身就是肉身，什么都不必承担，从肉身的感觉中去寻找生存的意义就可以了。

第二条路线正逐渐成为现代欧洲人的主线。对这一路线的经典表达来自米兰·昆德拉的一系列小说，尤其是其代表作《生命中不能承受之轻》。

在这部小说中，男主人公托马斯面临着一个选择：是选择渴望与他相濡以沫的特丽莎，还是选择不给他任何压力的萨宾娜。选择特丽莎，就要承担她生命的重量，这是沉重的；选择萨宾娜，就不必承担任何人的重量。萨宾娜不干涉托马斯与其他女人交往，她也不允许托马斯干涉她与其他男人交往。

最终，托马斯在经历了与200多个女人的性漂泊后，又回到了特丽莎身边，与她相厮守，直至遭遇车祸而一同死去。

这似乎是，托马斯轻逸了半生后，最后还是选择了沉重。不过，米兰·昆德拉的伦理仍是轻逸的，他认为，生命的意义在于拥有"眩晕"的肉身感觉。这意思其实就是，人生的意义就在肉身之中，我们不必再给肉身加一些额外的东西。这些额外的东西，米兰·昆德拉发明了一个词"媚俗"来加以嘲讽。

米兰·昆德拉习惯"幽默神圣"，而一些评论家认为，以《蓝》、《白》、《红》和《十诫》等著名影片而享誉世界的波兰导演基耶斯洛夫斯基也是在"幽默神圣"。

不过，刘小枫认为，米兰·昆德拉和基耶斯洛夫斯基是两条路上的。他们看上去都不再在上帝或神的身上寻找生命的伦理，而将焦点放到了人身上，但他们在一个关键问题上有重大差异：肉身之外，是否有灵魂单独存在。

米兰·昆德拉倾向于否认灵魂，而认为肉身的感觉就是人生的答案。但是，基耶斯洛夫斯基的影片则一直在表达灵魂的存在，如果看不到这一点，就无法看懂他的影片《两生花》。

美好的感情不可亵渎

19 世纪前的神令肉身沉重，这个神被从肉身上拿走，是有道理的。因为这个神被认为可以赏善罚恶、主持正义，但他做不到这一点。

人类共同体的共同意志令肉身沉重，它被从肉身上拿走，也是有道理的。因为事实证明，所谓的"共同意志"最终都将成为少数统治者的意志。

这两种重量被拿走后，人的肉身变得轻飘起来。但基耶斯洛夫斯基给这个肉身加上了灵魂，它又重新沉重起来。

相信有灵魂后，我们再和另一个人亲近时，并非只是两个渴望"眩晕"感觉的肉身的亲近，也是两个灵魂的相拥。

明白这一点，至关重要。在讲了法国革命者罗伯斯庇尔处死丹东的事件、著名革命小说《牛虻》、米兰·昆德拉的《生命中不能承受之轻》、卡夫卡在日记中的沉思和基耶斯洛夫斯基的影片后，刘小枫最后用一句话表达了他认为的生命选择：不可感情轻浮。不但要有美好的感情，而且这感情不可轻慢、亵渎。

这句话，不只是指最后的结果，也是在讲相处的过程。譬如，托马斯在200多个女人身上经历了性漂泊后，最后又回到了特丽莎身边，但特丽莎的生命感觉已经破碎了。这种破碎一旦产生，就无可挽回。

刘小枫梳理的是欧洲人的伦理脉络，但这个答案也适合我们。因为，我们现在也拿走了加于我们肉身之上的诸多不合理的重量，我们也正沉浸于感觉派伦理中。越来越多的人皈依在米兰·昆德拉的"眩晕"伦理之下，轻率的抉择越来越流行。

这样做的结果，看上去很轻逸，似乎很自由，但它的另一面是我们和与我们相遇的人的肉身一次又一次地受伤，我们的生命感觉一次又一次地破碎。

由此，刘小枫这本《沉重的肉身》尤其富有价值。

这是我第一次推荐伦理学著作。之所以这样做，是因为我切实体会到，心理学的著作回答的只是"为什么如此""这是怎么一回事"这一类问题，只能解疑，却不能回答"我们该如何"的问题。后一类问题，是伦理学的范畴。

伦理学分为两种，一种是思辨式，一种是叙事式的。刘小枫这本书，自然是叙事式的。叙事伦理，不会大声地呼吁，你们该如何如何做。相反，叙事伦理只是讲故事。如果你被这些故事打动了，这就够了。

譬如，我相信，假若你被这本书打动了，那么，在面对杨丽娟事件时，你就会看到人的卑微与脆弱，而不会再去扮演一个道德判官的角色。

《爱的觉醒》

作者：克里希那穆提

译者：胡因梦　等

启迪性：5.0 分

易读性：4.8 分

趣味性：3.0 分

推荐度：5.0 分

推荐理由：

真相是永远的 No.1。

拥抱真相，接受真我。

智慧源自与真相没有距离。

……

以上的句子，我常常用到我的文章中，也常常和人说起，就像是我的信条一样。

说真的，我有时会没自信，拥抱了真相，真的就行了吗？

我本来还持有另一个观点：理解就是最好的治疗，理解了，改变自然就会发生。然而，无数读者不断问我："请问，怎样才能改变？"

问的人太多了，我逐渐对自己这个观点不自信起来，于是，我弄出了一个成长的三部曲——"理解、接受和改变"。

感谢印度哲人克里希那穆提的《爱的觉醒》，这本书令我彻底相信，真相的确最有价值，拥抱真相的一刹那（即理解）的确就是最好的治疗。这本书还带给我其他许多方面的启发，阅读过程中，我几次忍不住掉泪，但这是喜悦的泪水，也怀着庆幸——原来听从自己的感觉而走的路，是对的。

虽然这本书还没读完，但我已可以断言，截至今日，没有哪本书对我的启发比这本书更大了。

放下一切念头，方能看到真相

在书中，克氏屡屡讲到，最重要的是通过你自己的冥想看到真相，而真相就是爱，看到真相即智慧。

并且，真相一定不是思考的结果，而是当你放下头脑中的一切时，你与世界的自然相遇。

放下头脑中的一切，这被称为"空寂"。当你做到这一点时，冥想自然会来，你自然会与世界相遇，爱与智慧自然会降临。

"冥想"这个词很容易被理解为一种主动努力的结果，也很容易被理解成一种神秘状态，这都是误解，所以描绘这种状态更好的词是"空寂"。

对于许多人而言，"空寂"这个词也很难理解。它简单，但那种境界我们的心似乎无法捕捉，那它可换成另一个相对好理解的词——"单纯"。

关于单纯，我写过一篇小文《论单纯》。

单纯是心性的纯净，单纯的人有一颗晶莹剔透的水晶心。

因为有这水晶心，世事和万物便无所遁形。

譬如，我们总以为，要想看穿一个人，一定有办法，一定要努力。掌握了一些技巧甚至巫术，就可以轻松看懂一个人了。然而，技巧最多的人，在识人这一点上一定不如拥有一颗单纯的心的人。有一颗单纯的心的人无须努力，就可以在一瞬间看到另一个人的真相。

并且，单纯的人也不能努力。一努力，他就失去了单纯，于是看到的就是自己的妄念，而不是另一个人的真实存在了。

冥想也罢，空寂也罢，单纯也罢，这些词描绘的境界不易达到，因为要达到这个境界，就要放下一切念头。

哲学家马丁·布伯描绘过这个境界，他说，真相是"相遇"，即我的本真与你的本真"相遇"了，这时就有最大的爱和最多的智慧。他把这种关系称为"我与你"的关系，但要建立这个关系，必须达到一点——"不带任何预期和目的"。

所以，克里希那穆提在他的书中不断强调：放下！

放下什么？放下自我。更具体一点儿的是什么，马丁·布伯所说的预期和目的又是什么？

反相！也即真相的反面。

外在的优秀，或令我们更自卑

预期和目的总是这样的逻辑：真相太痛苦，你逃避，而且几乎一定要逃到相反的方向上去。所以，预期和目的几乎必然令你离真相越来越远。

譬如，心理学家阿德勒写了《自卑与超越》一书。他认为，对优秀的追求源自自卑。也因为这一点，一些心理医生乃至大师甚至担忧，假若自卑得以疗愈，追求优秀的动力是否就消失了。

这个问题暂且不论，起码我们可以看到另一点：即便极其优秀了，内心深处的自卑仍然无法消除，甚至丝毫都未减少。

例如，一些人，一旦成为名人，在钱权名利上具有了相当的优势，他们反而变得更自卑，对童年时的伙伴、对贫苦家庭、对悲惨童年等一切人生的缺憾变得更加敏感。外在条件的优秀并未令他们真正自信，反而令他们更为自卑。

对这样的人，我曾建议，必须单独对内在的自卑做工作，但我不知道该怎么做工作，而克氏给出了答案：承认自卑，因为自卑就是真相。

自卑必然有这样的原因——童年获得的爱太少。那么，围绕这个事实，当事人势必会有很多感受，如悲伤、愤怒、嫉妒等。这些感受就是真相，他不必做别的事情，只需拥抱真相就够了。

所谓"别的事情"，几乎必然意味着执着于反相，如刻意追求外在的优秀，或刻意自欺欺人地说："我不惨，我一点儿都不惨。我幸福极了，简直是世界上最幸福、最快乐的人。"

越执着于反相，对真相就越惧怕。你不断地逃避真相，你的预期和目的就会越来越多、越来越重，它们都是为了满足你自欺欺人的需要的。但真相就在你心中，你根本无法逃避。于是，你的心越来越分裂，各种心理问题因此而生。

一旦拥抱真相，承认自己的惨，并接受悲伤或其他自然情感，你就会立即获得解脱，并因而获得巨大的力量。

理解既是开始也是结束

说一些小故事吧。前不久，有两个晚上，我忽然又有些怕黑，还有些神经质的担忧，但又说不清担忧什么。第三个晚上，我忽然明白——这不是思考的结果，而只是自然而然出现的信息——怕黑的情绪是怎么回事，我的担忧是什么。于是，怕黑的情绪立即消失了。

对此，克里希那穆提说："我们对自己头脑里的活动往往是缺乏觉察的，不过你一旦毫无拣择地觉察到其中的活动，凭着那份觉知和留意，就能将喋喋不休的妄念止息下来。试试看，你会发现这其实是一件轻而易举的事。"

这的确是一件轻而易举的事。所以，大前天，一个女子问我，同事要给她举行盛大的欢送会，她特别担心自己会哭，她怎样才能控制住自己不要哭得太失控。

我建议她对自己说："我就是想哭，做足了准备，要大哭一次"，这样就可以了。她说，好，她试试。

那么，可以预料，她不会哭得失去控制，因为她不再执着于反相。

有些人，我们称为"嫉妒狂"，因为他们吃醋到可怕的地步。然而，嫉妒狂都有一个共同的特点：他们认为自己不嫉妒。最严重的是，他们对于自己的嫉妒情绪，似乎没有一点儿觉知。

也就是说，嫉妒就是他们的真相，但他们一直执着于反相，根本不承认自己嫉妒。假若他们想改变自己，克里希那穆提的建议是："觉察到自己在嫉妒，便是从嫉妒中解脱了出来。"

要做到空寂，方法是放下。就是放下自我，因为自我中藏着太多虚妄。我那两天神经质地怕黑就是虚妄，明明嫉妒成性却认为自己不嫉妒，这也是虚妄。

并且，虚妄总是自我的虚妄。所以，要想破掉虚妄也很简单，就是觉察。克里希那穆提说，你不需要做其他的工作，只要觉察就可以了，"对整个意识内容进行毫不扭曲而又了了分明的观察，便是冥想的开始及结尾。第一步即最后一步"。

由此，我也想对大家说，不必再问我该怎么改变，理解就是改变，理解既是开始也是结束。只有当理解没有产生，当我们还执着于反相时，所谓的"办法"才有一点儿效果，但它们的效果常是让你远离令你痛苦的真相。

破掉了自我的虚妄，一颗心的杂质就会越来越少，最终就会臻于单纯。而一颗单纯的心不需要努力，就可以看到真相。

你不必离开生活去苦修

在哪里才能破掉自我的虚妄？

空寂的状态那么美，真相那么重要，于是，人们容易以为，必须用一些神奇的办法才能做到这一点，譬如打坐、闭关、苦修、念咒。还有一些另类的，如匍匐在某个权威或某个信念脚下，奉献于他（或它），为之散尽家财，甚至为之牺牲生命，等等。

克里希那穆提反对这些做法，他认为这些都是虚妄，并明确宣称，答案不在山洞里，不在药物中，不在任何神奇的地方，就在你的生活中。你的生活是你一切重要体验的来源，你的生活势必也是你的自我的养料，那么，你要破掉自我的虚妄，你要拥抱真相，又怎么可以去到别处呢？

所以，克里希那穆提说：

真理就在你的当下，它不在遥远的异国，它就在你的眼前。真理就在你的所作所为之中。你不需要去剃度或做一些人类早已做过的蠢事，因为真理就在你的眼前。

……

我们都渴望经历神秘的事物，却看不到日常生活的重要性，因为我们并不爱自己的生活。

并且，他还特别强调说，不要追随任何人，更不要追随任何组织，

"组织化的宗教其实是在做生意，我们会接受它是因为我们的生活实在太空虚了，但所有的人为组织，不论是有形的或无形的，都跟实相扯不上任何关系"。

给真相盖上一座大厦，真理就不见了。最重要的是点亮你的自性之光，你每多一个觉察自我的时刻，你的自性之光就会更亮一些。这一点，即便是克里希那穆提也不能帮到你，他只能对你说，你觉察了自我，你的自性之光就会更亮一点儿。要做到这一点，只有你自己去觉察你的自我，包括真相和反相，没有任何人能替代你做这项工作。

并且，在做这个工作时，理性、头脑和思考没有意义，感觉是唯一的路。

关于权威，我想，许多权威都在做这样的事：他发现了一点儿真相，之后他或他的追随者就围绕着这一点真相，盖起了一座华丽的、迷宫式的大厦，并用温柔或粗暴的种种手法，诱惑或胁迫他人相信，这座华丽的大厦就是真理。

一旦我们信了他们，并膜拜这座大厦，就连那一丁点儿真相也远离了。于是，我们对外在的人或组织越虔诚，我们对反相的东西就越执着，我们的自我也就越虚妄，而智慧和灵性就离我们越远。

想拥有智慧和灵性，我赞同克里希那穆提这本书中的方法：回到生活中来，先来觉察你在这个生活中的自我。

所谓的"灵修"，尽管有许多神奇的词语、神奇的方法和神奇的结果，但它其实一点儿都不神奇，我们每个人都可以走这条路，并且每个人都可以从中获益。可能正是因为这一点，克里希那穆提的书，尽管有点儿晦涩，但在全世界范围内都成了畅销书。

我只读了克氏的《爱的觉醒》，读这本书的感觉真好，书里的文字，宛如没有一点儿杂质的清泉，汩汩地流入我内心深处。从没有哪本书给我这种感觉，以前不管多有名的书，读的时候，感觉多少都有杂质，一些被奉为经典的书，杂质之多令我极其抗拒。

现在我确信，我的感觉是有道理的，这些书的确有杂质，而其中许多都在干这样的事——构建一座富丽堂皇的大厦，诱惑或胁迫你匍匐在它脚下。

part

6

父母是孩子的头号考官

......

我们焦虑、心中忐忑的时候，都像对面有一个考官，那么这个考官和你的关系是怎样的，这是一件特别重要的事情。所以，我们如果概括来讲，父母作为孩子的头号考官，和孩子的关系模式会决定孩子心里住着一个什么样的内在考官。这就决定了这个孩子在面对考试的时候，他会是怎样一种状态。

父母是孩子生命中最重要的权威人物

总有这样的说法："不要让孩子输在起跑线上。"这是什么意思？就是父母希望孩子一出生，就要拼命竞争了，因为生怕孩子输在起跑线上。

但是，我们通常的那些做法恰恰相反，可能让孩子输在了起跑线上，甚至很多孩子可能躺在了起跑线上。

那么，起跑线和父母是孩子的头号考官，两者有什么联系呢？我先说说"头号考官"这个概念，它有双重含义。

第一层含义：父母是孩子生命中的第一任考官。孩子和内在考官这个隐喻，就是父母，或者说生命最初最重要的养育者和孩子所塑造的关系。

第二层含义：无论如何，父母对孩子都极为重要。如果说父母是孩子生命中最重要的权威人物，那么父母和孩子的关系其实就是考官和考生的关系。

孩子如何面对考试，由你们——最重要的考官来塑造，甚至由考官来决定。关于考官的隐喻，我们要先明白一件特别简单的事情：你做任何一件事情，在你的内在都会有一个东西，我们可以把它称为"考官"；用心理学的术语来讲，就是有个超我。他在看着你做这件事，那么你做这件事是得到鼓励、得到夸奖、得到认可，还是得到批评、得到否定，甚至彻底的否决，这是一件根本的事情。

所以，父母对孩子自身的行为持有一种什么态度，这是很重要的。在我最近的文章里，我讲到生命的自发性，觉得讲得越来越多。有些朋友不断地问这个"自发性"是什么意思。

首先，我强调一下自发性是精神分析治疗中的一个根本目标，治疗的目标就是让一个人由衷地信任他的自发性。说白了，就是你怎么想就怎么想，你怎么感觉就怎么感觉，你想怎么做就怎么做。

有人会说："我想杀人放火可以吗？我想干坏事，这也可以吗？"

但实际上，自发性藏着这样的隐喻：当我想去伸展我的自发性，想去伸展我的生命力的时候，我的内心深处有一个超我（有一个考官）在那儿看着。

如果我的内在有一种感觉——我作为一个考生，我的自发行为是得到考官的认可、鼓励、支持的，我们可以用一个简单的说法来讲，就是会被看见，或者用另外一个说法来讲，就是会被无条件地积极关注，那么我们就会觉得自己的自发性是可以的。这时候，我们做的事情自然会符合人性本身，所以不存在我们刚才说的那个说法。

所谓的"自发性"，其实就是我发自我这个生命体自身的、天然的动力，我想做一件事就相当于我有一个动力。实际上，对我们任何人来讲，你的任何一个想法、行为其实都渴望被看见，都有一个外在的考官和内在的考官在看着你。那么，这个考官或者我们叫考官的隐喻，就会决定你如何看待你生命的自发性。

如果你由衷地信任你的自发性，你在伸展的时候就会很容易。具体到当你面对考试的时候，比方高考、中考，或者面对你明天要去进行的一个重要面试，或者也包括你谈恋爱的时候，你去见你的初恋的情人的时候，其实都会面临这么一种情况。

我们焦虑、心中忐忑的时候，都像对面有一个考官，那么这个考官和你的关系是怎样的，这是一件特别重要的事情。所以，我们如果概括来讲，父母作为孩子的头号考官，和孩子的关系模式会决定孩子心里住着一个什么样的内在考官。这就决定了这个孩子在面对考试的时候，他会是怎样一种状态。

考试更像是一场心理战

我们知道在高考、中考或者小升初时，甚至在期中、期末考试的时候，很多朋友会有严重的考试焦虑。

特别是高考，有些学生本来平常有 100 分的水平，结果只考了 60 分，甚至可能还有一些同学，100 分的水平只考了三四十分，这是考试焦虑带来的严重后果。

什么叫"考试焦虑"呢？

其实，我们大致可以这样来理解。作为一名考生，你会把考官感知为非常苛刻的、严格的，而且是否定性的，甚至严重些，就像死神一样，好像他就是故意来为难你的。如果你表现得不好，这个考官会不高兴，你想获得考官的认可非常困难。当你总有这么一种基本感觉的时候，你就会有严重的考试焦虑。

讲到考试焦虑，通常在大考的时候，我都会表现得非常出色。讲一下我自己的一些故事。

第一个故事是初二升初三的时候，也就是初二的期末考试，我考了年级第 55 名。我所在的乡中可能是石家庄地区最大的乡中。当时，我们一个年级有八个班，每个班大概有 70 个学生。我在年级排第 55 名，在我们班是第七八名的样子。这是我一直以来的成绩，所以是发挥正常的。

升入初三后，初三的第一次期中考试，我又考了第 55 名。这次的成绩就有些奇怪了。我们上初三后，整个年级来了200多个复读生，平均下来每个班有30多个复读生。

当时，特别流行初中毕业时考中专和师范。一毕业，你就可以找到国家的正式工作，农村户口的也可以转为城镇户口，这是我们当时特别向往的。

我们这些学生，考高中的意愿不是那么强，中专和师范成了我们首要的目标。

对复读生来说，复读一年叫初四，复读两年是初五，还有复读到初六、初七的，这都是常见的。

你可以想象，突然之间一个班里有80多个学生（这里我要说一下，一个班有30多个复读生的同时，初二升初三的时候也会淘汰一批），这么多师兄、师姐，他们已经学了四年、五年，甚至更久。而且，听说他们当年考中专或者师范的时候就差几分，你作为应届生，面对他们会怎样？实际上，初三第一次期中考试，是应届生和复读生一起参加的。

这就是我刚才说的成绩奇怪的原因：我虽然还是年级第55名，但是如果没记错的话，我已经是应届生中的第1名了。

这件事让我非常震惊，我问自己，我从应届生的第55名升到应届生的第1名，难道我的知识能力提高了吗？我的反思是，我没有感觉到自己的水平提高了。那么，我为什么会从第55名升到第1名呢？

那时，我突然之间明白，我前面那54个同学，是被这些复读生给吓坏了。一旦形成这个意识，我就明白原来这是心理战。

当这个心理战的概念真正在我的头脑中形成之后，我一下变得信心百倍。信心来自我好像洞见到了一个奥秘，这就是考生和考官的隐喻。我们本来认为怎样才能够考得好呢？作为一个考生，你把知识基础打牢，要学习如何考试，好像是由这些硬件所决定的。但是，心理战就意味着你作为一个考生，要如何看待考官。

其实，我当时只洞见到心理战这个秘密，还没有明白"考官的隐喻"这个概念，但是我想我已经接近于这样一种理解了。

然后，我就明白除了学习水平之外，还有心理战这回事，这就让我一下变得轻松很多。

结果，在接下来的考试中，应该说每一次重大的考试中，我都会前进 5 名或者十几名。中考的时候，我考了全校第 1 名，还有可能是全县第 1 名。这对我来讲是一个奇迹，我们班还出现了一个奇迹：当时，我们一共八个班，我们一个班考上中专、师范、重点高中的学生，与其他七个班考上的加起来的总和差不多。

为什么会这样呢？这是因为我们有一个特别好的考官——我们的初中班主任。班主任对我们应届生说，不要害怕复读生。

相对来讲，我们班的复读生考得也很好。我们班主任不断地对复读生说："你们可以放松一些，要对自己有信心。"

实际上，他就是在做心理战的辅导。他告诉我们"不要怕考试，这是由你们的内心决定的"。

刚才讲的是我中考的事情，我高考的时候，就更加夸张了。

离高考还有三个月的一次模拟考试，我考了全班第 19 名。这让我感到非常沮丧，因为在上一次考试的时候，我也考了全班第 19 名。但是与上一次不同，上一次我清晰地看到：在我下功夫的那些重点科目上，我的成绩都很好，比方说数、理、化；有些科目没考好，因为我做的努力不够。而这次考试，我感觉非常混乱，似乎看不见我努力收到的效果。特别是政治这门课，我感觉整本书都背过了，但是我这次考试不及格，我因此非常受刺激。

成绩下来的那一天，到了傍晚，我就走出校门去散步。平时每到晚上，我都会跟几个哥们儿一起到外面去散步。外面有田野，在田野不远的地方还有一个火车轨道。因为我太郁闷了，所以就独自一个人去了。

我在田野里走来走去，走的时候，我逐渐觉得好像哪里不对。比如说政治，整本书我基本上都背过了，但竟然不及格。我还发现：解数学难题，我的同桌比我强；解物理和化学的难题，在班里已经没有人比我强了。而语文，因为我的记忆力特别好，也特别热爱语文，该背的我都背过了，不该背的我也都背了。比如鲁迅的很多文章，那时候我可以整篇地背诵。唐诗、宋词三百首，这些东西根本就不在考试的范畴之内，我也背过了。但是，我的语文考得很一般，其他的科目也呈现这样一种状态。

我觉得这是不对的，我走着走着就走到了火车道旁边。我思考得非常专注，完全沉浸在自己的世界里。这时候，一列火车突然在离我不远的地方与我"擦肩而过"。那一刻，我吓了一跳，但是我看着那列火车向前方远行的那一瞬间，就突然之间有了一个领悟。这个领悟实际上是瞬间完成的，但是我用逻辑来讲一下。

火车在火车轨道上高速前行，火车道旁边就是一条公路。我那时候就想，你把跑得这么快的火车放在公路上，它就开不动。火车之所以能够跑得这么快，是因为它在火车轨道上。我瞬间就形成了一个概念，叫"考试轨道论"。

我认为自己已经是一列质量非常好的火车了，但是我还在公路上跑，还没有上火车轨道——我还没有上考试轨道。这些领悟在电闪雷鸣的一瞬间完成了。那个时候我就明白了，其实我的学习已经没有问题，我的知识已经掌握得非常好了，但是我不会考试。

我是一个特别信任自己感觉的人，什么叫作"信任自己的感觉"？其实就是我信任我的自发性，也就是我内在的考官信任我的自发性，我内在的考官允许我按照自己的自发性做事情。

为什么会这样？因为我在我的家里没有挨过一次打，没有挨过一次骂。我的父母没有控制过我，也没有否定过我。比如，我向家里要钱，家里穷得不得了，我要10元钱，父母一般给我12元，或者15元。对我来讲，我的父母就是非常好的头号考官。他们允许我按照自己的感觉来，信任自己的感觉。我在那一刻就形成了"考试轨道论"。而且，我觉得它极为重要，我就决定在接下来的时间不再做重复学习这件事情了。

我怎么做的？我专门去思考该如何考试。接下来的一段时间——

一个月或者一个半月，我找到了几十条考试技巧：

有"很大"的方法，比如站在考官的角度看问题；

一些比较小的技巧，比如如何使用草稿纸。

而且，每一门课都找到了一些考试的办法。

在剩下的一段时间，我就用自己的这些考试理论、考试技巧，把每科的知识点梳理了一遍。这时候，什么变了？原先当我看这些知识点的时候，我都是站在考生的角度思考问题的。

不知道大家有没有过这样的感觉：如果你完全从考生的角度来看，面对考试的时候，你就会有一种恐慌，而且会有一种愤怒。这是什么意思？你会觉得考官好像在故意为难你。这时候，你作为一个考生，对考官就有了敌意。你可以想象当你在考试时，你对一个想象中的考官充满敌意，还有可能考好吗？我觉得这是很难的。

所以，那个时候我就明白了，要从考官的角度看问题。当我从考官的视角去看这些知识点的时候，我思考的就是：如果我是考官，我会怎么出题？那些考试技巧基本上都和这件事是有些关系的。一旦这样思考，我就立马有了几个转变。比如，在答试卷的时候，我要把试卷写得清清楚楚。

其实，我能够写楷体的，但同时我也有比较潦草的写法。我一着急、一恐慌、一焦虑，就想写快。这时候，我的字迹就不清楚了。但是，如果我自己心中稳的话，我就会用楷体去写。

那时我就想，我作为一个考官，我想看见一张整洁的试卷，还是一张乱七八糟的试卷？我当然喜欢整洁的，我一下就决定使用简洁的方式来回答问题。

我们考试时，政治试卷中有多项选择题。如果正确答案是三个选项的话，你选少了没有分，选多了也没有分，非常难得分。有很多考生可能连三分之一的分都拿不到。其实，之所以我前面的模拟考试不及格，也是因为在多项选择题上失分非常严重。

当我形成了这种意识，再从考官的角度把政治的知识点梳理一遍后，最后达到了什么地步？我好像有一种很奇异的感觉，当我在答这些试卷的时候，似乎能够感觉到出题的这个人他是严苛的还是宽松的，然后我就根据这种严苛感和宽松感来调整。

政治试卷还有问答题或者叫作"论述题"。在做论述题的时候，所有的老师都教我们一种考试技巧：你尽可能地把所有的知识点都写上，写多一些也可以，因为考官在评分的时候，就是根据你写的这些知识点来决定你的分数。

但是，当我从考官的角度看问题的时候，我就觉得这是一种低级或者中级的考试技巧。针对的是那些知识掌握得不是很好的学生，因为你不敢肯定你的知识点掌握得多还是少，所以你尽可能多写一些。但是，如果你想有一种高级的考试技巧，比如对我来讲，我整本书都背过了，那怎么办？

我就没必要这样做了，因为我可以确保论述题中的知识点是什么，那这时候该怎么办？我应该把每道论述题当作一个漂亮的小作文来写，写得非常整洁，而且相对来讲是比较简洁的。我想这就是一种高级的写作技巧，其实这个写作技巧我从没有找老师探讨过，但我决定就这么来做。

结果非常惊人，这次政治考试我考了 83 分，是年级第 1 名。在离高考还有 19 天的最后一次模拟考试中，我有三门课都是年级第 1 名——政治、语文和生物。有一门非常夸张，我们当年这门课满分 70 分，我应该是考了 63 分，是整个年级唯一过 60 分的，据说第 2 名连 50 分都不到。

那次考试，我有三门课年级第 1 名，总成绩是全班第 1 名。高考的时候，我的总成绩又是全班第 1 名，考上了北京大学。

我再讲一个比较搞笑的事情。等我考到北大这件事定了之后，录取通知书还没下来。这时候，我们一个任课老师就在班上问："谁是武志红，谁是武志红？"

他其实不知道我，这是我在高中三年里仅有的两次考全班前 10 名。一般我的成绩就是在 11 名到 19 名之间不断变换，而且我在班里也不怎么引人注意，所以这个老师不知道我是谁。

考试轨道论对我来讲是特别重要的领悟，从此之后，我做各种各样的事情时，都在想：任何一件事情，不能够停留在自己的想象和思考之中，你可以去想这件事本身可能都有一个轨道，你能不能试着找到这件事情自身的轨道。

当这样想的时候，你就会发现做事往往事半功倍。而且，这种想法还带给我一个好处。我面对考官的时候，经常会跳出考官的出题思路，去思考其他的东西，所以我的思考也会有点儿天马行空。

比如，有一次我做了一个梦，我参加地理考试，结果我不小心把试卷弄破了一个角。我要求换一张试卷，结果地理老师说每个人只有一张试卷，我把试卷划伤了，那就没有别的了。

当时，我突然非常生气，站起来大声地喊："这张试卷根本就没有正确答案！"我把试卷撕了，然后走了。

这是一个关于考试的梦。考试其实就是考官和考生的隐喻，是一种焦虑：你担心你不能过关。但过关有很多种，比如说现实性的焦虑，你明天可能要去面试了，那你面临着一个大的考验。同时还有道德的考验，你可能想干一件坏事。这时候，你在想考官是否允许你这样做，也就是你内在的超我是否允许你这么做。

这是一种隐喻，但是多数考生都是这种逻辑：梦见考试的科目都是你曾经很发怵，而经过你的努力，在考试这样千钧一发的状态之下，你发挥得还可以的。这时候，你在考试中首先会觉得你好像都不会答，你非常焦虑，在焦虑中就会醒过来。

醒过来之后，你第一时间会想，好像当时考这门课考得还不错。这时候，你不仅有了焦虑，同时有了释放焦虑这么一种功能。

上高中时，我只学了两个月，就把我的物理、化学从60多分提到90多分，到满分100分，但唯独数学这门科目，我花了整整一年半的时间，才从考六七十分的水平，最后接近满分。那个时候，数学满分是120分，我高考的时候考了117分。

但是，我经常梦见我又回到了高三，又开始学数学，而且学得一塌糊涂，根本就学不会，考试的时候也是这样子。一醒过来，我就想我高考考了117分，所以经常会出现这样的情况。梦见撕地理卷子这样的事情是很少见的，因为从初中开始学地理，我就特别热爱地理。我的地理成绩基本上是全年级最好的，考最高分或者考满分这种事很常见。

我中考的时候，历史、地理和生物这三门课不计入最后的考试分，但是我像疯子一样学习这三门课，结果我的历史、地理基本上都是满分。为这个，我当时还被别人笑话过。

高中分科时，我读的虽然是理科，不再学地理，但是我的地理成绩仍然非常好。

所以在梦里，在我最擅长的一个科目上，我真的是有勇气去挑战考官的。我就告诉他，"我比你更懂这件事情，我觉得你作为考官出的题都是错的"，所以我如此自信地说这张试卷没有正确答案。

为什么会做这个梦？因为当时我正在思考个人主义和集体主义的话题。我们可以这样来理解，在梦里的考官就像集体文化的考官。如果在集体主义的范畴内去思考——其实当时我就在思考人性、思考心理学的一些东西，那么你会发现你找不到正确答案。你必须跳出这个部分，要回到个人主义，才能找到关于人性、关于心理学的正确答案。当时，这个梦对我来讲是很震撼的，让我印象很深刻。

我感觉自己一下从固有的思考逻辑中跳了出来，从而获得了更大视角的一种思考。这时候，我们就要问一下：为什么我可以做这种思考？我小学升初中、初中升高中、高中升大学，都是全班第 1 名。之所以这样，是因为我超常发挥。我一到重大的考试就会比平时吃得更多，睡得更香，我有一种微微兴奋，但是又不会过度焦虑的状态。

之所以这样，是因为我作为考生，面对外在的考官和我内在的考官的时候，我深信这个考官是好的，考官会善待我，不是我的敌人。这会导致当我面对一个比较宽松、接纳的考官的时候，就会超常发挥。之所以这样，是因为我的父母就是我的头号考官，他们是好考官。

前面我就讲过，我没有挨过一次打，没有挨过一次骂。而且，他们不控制我。我是 1974 年出生的，目前还没结婚，没生孩子，而我的父母是河北农村的。一般人如果在这种状态下，可能会感到巨大的压力。虽然我的妈妈会有些焦虑，会生我的气，但她一般就只说一两句话。她说还是生个孩子好，还是结婚好，但是她没有对我表现出强烈的控制。也就意味着在这么关键、重要的事情上，我的父母仍然是允许我做自己的。我的自发性得到了尊重、认可、承认，这样的父母就是好考官。

他们不但没有批评我、攻击我、否定我，而且在这么贫穷的家庭里，他们会尽可能地满足我。

而且，在我们表现得很差时，父母是怎么反应的，我们也可以看看好考官是怎样的。

我记忆很深刻，我小学第一次考试考了两个 95 分，是全班第 5 名。从此以后，我的小学成绩一直都很好。小学所有的考试不管是村里的，还是乡里的，甚至有些县里的，我都会去参加，而且成绩一直保持在前五名或前三名这样一种状态。

但是，有一次我考了第 14 名。我印象很深刻，那个时候我们有麦假。因为在农村，我们不歇暑假，而是歇麦假。麦假在暑假之前，为了让孩子帮着家里去割麦子。在麦假之前，成绩就下来了，我一看成绩非常糟糕，心里一"咯噔"。这时候，我就在想如何向父母交代。当然，主要是如何向我妈交代，我爸通常不管这些事情。

我当时很狡猾，把成绩单藏了起来。一直藏到开学的那一天，而且开学那天早上我就磨磨蹭蹭的。到了最后时刻，我再不走就要迟到了，就把成绩单拿出来给我妈看。我妈妈是初中毕业生，在她那个年代，初中毕业就不错了，所以我妈在村里算是知识分子。当时，我妈一看到成绩单，就吓了一跳，她说怎么这么差。我就对我妈说，"你放心，下次就好"。我妈没多说一句话，就在成绩单上签了字。她没多说一句话，这件事她再没提过，再也没跟我说过。

结果下一次考试，我就考了全班第1名，这应该是我小学第一次考第1名。类似的事情又发生在小学升初中时，我当时考了全村第1名。印象里我还是全乡第1名，但不是很确定。

初一的第一次期中考试，我作为入学时的第1名，考了什么成绩呢？我考了全班第33名，总分是444.5分。

这次成绩这么差，我回到家里，非常坦然地对我妈说，这次我考了这样的成绩。我妈又很吃惊，她说怎么考这么差，我说，"你放心，下次就好"。

结果下次考试，我考了全班第8名。我回家很得意地对我妈说："你看，这次成绩不错，第33名升到了第8名。"我妈妈说，"是不错"。我想对于多数的读者来讲，当你从全村甚至全乡第1名跌到全班第33名，然后等下次你考了第 8 名，你还好意思在父母面前保持一种骄傲，保持一种炫耀的状态，这通常会被父母打击。但是，我妈妈不同，她没有打击我。

几年前，我想起这件事情的时候，我心想，这也可能有另外一个理解——我妈妈根本就不在乎这些事情。后来，我问她是否还记得两件事。她说她当然记得这两件事了，当时我的成绩确实吓了她一跳。

我问她："我的成绩掉得这么厉害，你为什么也不批评我，也不说我呢？如果是在其他的家庭里，那父母肯定会批评孩子的。"这时，我妈说了一番话，以后每每想起这番话，我都会忍不住流泪。

她说，她觉得她作为妈妈，当然也包括我爸爸作为父亲，没有把这个家弄好，投胎到这个家里的孩子都受苦了，我哥哥、我姐姐和我都受苦了。所以，他们不忍心轻易地批评我们，更何况我一直都表现得很好，所以她就觉得不要批评我了。

不管对我父母来讲，他们的原因是什么，但是在我这儿，在父母和我的关系里，他们成了我好的头号考官。

"你怎么做都不对，你只有听我的才对"

　　我们都知道弗洛伊德有"自我结构"理论：一个人的人格由本我、超我和自我这三部分组成。

　　本我被弗洛伊德说成是本能，超我是讲道德和规则——主要是由父亲制定规则内化而来的，自我是用来协调本我和超我的。我对弗洛伊德的本我和本能还有另外一种理解，就是我们一再讲的自发性。自发性其实就是你的本我和本能自然而然地生发的这样一种状态。

　　另一位心理学家温尼科特，他的说法是，如果我们养孩子的话，最好有一个不惩罚的人——其实指的就是父亲或者母亲，以滋养出孩子这种感觉：世界准备好接受你的本能喷涌而出。其实，本能喷涌而出，就是你的自发性可以自然而然地表达。关于本我、超我和自我，我做了一点儿改动，这也算稍微有点儿原创性的：在中国人的状态里，你会看见全能自恋性的本我、绝对禁止性的超我和软塌塌的自我。

　　什么叫"全能自恋性的本我"？小婴儿一出生都是想为所欲为的，婴儿会觉得自己是神，这就叫作"全能自恋"。我一发命令，这个世界就应该按照我的意愿来运转。全能自恋性的本我是我想为所欲为，但是一旦我跟别人建立关系，想在这个关系中为所欲为，就会对别人构成绝对禁止性的超我。我想让你配合我的为所欲为，就对你构成了绝对禁止。

　　什么叫作"绝对禁止"？你怎么做都不对，你听我的才对。这句话，我觉得是生活中很多现象的核心秘密。

我讲过一个让我印象特别深刻的故事。那时，我好像还没有做心理或者刚做心理咨询。我一起玩摄影的一个哥们儿给我讲了一件事情：他有一天把水杯放在了桌子的一边，他爸过来，用语重心长又带点儿生气的口气说："你怎么把水杯放在这儿，不放在那儿？"他爸就把水杯从这边放到了另一边。

我这个朋友深刻地预感到，如果他一开始就把水杯放在他爸后来放到的那个位置，他爸仍然会这样做。好像他在他爸面前，怎么做都不对。他爸对他来讲是一个绝对禁止性的超我。如果你作为家长，你对你的孩子构成了一种绝对性禁止，在你的眼里，你的孩子好像怎么做都不对，他怎么做都达不到你的要求，达不到你的标准，这时候，你就对你的孩子构成了绝对禁止性的超我。或者说，你是绝对禁止性的考官。甚至说难听一点儿，你就是一个苛刻的坏考官。全能自恋性的本我和绝对禁止性的超我，在这种严重对立的状态之下，会生出软塌塌的自我。这个自我协调不了这样的本我和这样的超我，所以自我会显得软塌塌的。

讲到绝对禁止性的概念，我觉得我们生活中最常见的考官，就是绝对禁止性的。他们的核心特征是，"我不在乎你到底有多强，我只在乎你是否符合我的标准"。

在古希腊有这样一个故事，有一个大盗，他有一张床，这个大盗拦下路人的时候，就把路人放在这张床上。如果路人的身体比床长，他就拿刀砍掉多出来的部分，而且让路人选择：如果路人选择头，那路人就死了；如果路人选择脚，身体就会有残缺。如果路人的身体没有这张床长，他就把路人拉到跟这张床一样长。这样一来，路人要么死了，要么严重受伤。这个古希腊的大盗的故事，就是一个非常生动的绝对禁止性的考官的形象。

我们很多人都知道，在我们的家庭中，有这样一个说法：别人家的孩子。好像不管你有多好，你的父母都能说出来别人家的孩子某一点比你好，以至于你会觉得好像永远有一个别人家的、全面优秀的孩子，无论如何你都比不过。

比如我的一个来访者，他有一次考了98分，全班第1名。他回家告诉他爸，他爸把试卷看了一遍后说："你看，你这儿犯了一个小错误。如果你把这个错误改了，你不马虎，就能考100分了。"

他想了想，对，爸爸说得真对。他下次真的考了100分回来，他回家告诉他爸，结果他爸说："不许骄傲。"

这就是一个坏考官，你98分我不会夸奖你，你100分我也不会夸奖你。

很多父母就会说，"我不夸奖你是为了不让你骄傲"。但父母这样做，是在伤害孩子的自发性，在否定孩子的自发性。这时候，父母就在做坏考官。

我们老讲一个人需要自信，怎样才能获得自信呢？

如果你能够获得父母5000次夸奖——当然讲的是你在童年的时候，你就有了基本的自信。5000次，我想它就是个数字而已，肯定没有学者去做这个研究。它是一种流行的说法，仅此而已。但是，这也是自信的一个源头。

什么叫"自信"呢？我通常的解释是，自信是"内在的小孩"对获得"内在的父母"的爱充满信心。或者我们从自发性来讲，自信就是，我相信当我按照自己的感觉来表达自己的时候，我会获得认可、获得肯定，这就叫作"自信"。以我的经验，有很多人不说是 5000 次夸奖，也许 70%，甚至 90% 的人，可能这辈子都没有当面听到过父母的夸奖。

关于这个疑惑，我们有各种各样的民间说法。比如，父母是不好意思当面夸你，但是背后都会夸你，而且父母在内心其实是很认可你的，他们只是嘴上不说出来而已。

这些说法，我其实深表怀疑。我会这样理解，父母不当面夸你是因为父母想通过打击你来削弱你的自发性，你就能够按照父母的想法去做，就可以满足父母的全能自恋性的本我了。

父母为什么会在你不在的时候在别人面前夸你？因为你是他的孩子，他在别人面前夸你，也显得他面上有光。所以，无论是当面否定你，还是在背后夸奖你，主要都是为了维护他们的自恋。

我有两个这样的故事，这两个故事的主人公都是美女。她们小时候都是舞蹈队的，也都上过电视，到各个地方演出过节目。

她们都有这样的记忆，她们在表演的时候，她们的妈妈都在下面坐着。妈妈在看着孩子的时候，眼光充满赞赏和认可。她们在妈妈的目光注视之下，会跳得格外起劲儿，跳得特别好。

等节目一结束，她们跑下台，张开双臂朝妈妈们跑过去，结果，她们的妈妈都对她们说了同样的话："女孩子要矜持点儿。"她们顿时感觉一盆冷水当头泼下来，把她们的热情全给浇没了。

这样的事情非常之多，它们不仅渗透在像刚才考试或者跳舞这样的事情上，还渗透到了生活的方方面面。如果父母都在表达这种感觉："你的选择是错的，你不应该按照你的选择来，我让你怎么做，你就该怎么做。"其实，这样的父母都是在破坏孩子的自发性，都是在伤害孩子的自信。

比如有一次，我在广州的一家快餐店吃饭，旁边坐着一对父子。他们俩各自点了一份套餐，孩子吃得很快，很快就把他那份套餐吃完了，而且明显吃得非常满足。他把碗一摔对他爸说："爸，吃饱了。"他爸"吧唧"一下甩过来一碗饭，对他说："饱个屁，再吃一碗。"这时候，我看到这孩子一下好像被噎住了。

其实，当这个父亲这样做的时候，也许他会觉得是为了孩子好，但实际上他是在伤害孩子的自发性，他做了一个坏的考官。在这样的故事里，我们看见了两种逻辑、两种做法：

一种做法是夸孩子，这种做法其实有这样一种逻辑：我认可了你，而且我可以接受你和我想象的不一样，你的自发性是非常好的；我愿意接受我的自恋在你这儿受到了损伤，但是仍然鼓励你的自恋。

而批评孩子是这样一种逻辑：我为了维护我的自恋，为了让我的全能自恋在你身上得以实现，我不想承认你的自发性，不想尊重你的自恋，还要打击你的自恋，以此来诱惑你、逼迫你，让你按照我的来。

这是两种不同的逻辑，前面一种是夸孩子、认可孩子，你在鼓励孩子的自发性，后面一种是在伤害孩子的自发性。

按照孩子自己的感觉，还是按照别人的感觉？

"不要让孩子输在起跑线上。"这是一个著名的说法，围绕着这个说法有很多漫画。

这类漫画一般都是孩子在幼儿园，甚至只是一个在襁褓中的孩子，家长就让孩子学习奔跑，让他学习各种各样的知识。

这是一种很严重的现象，农村我不了解，在大城市里，孩子在小学一年级的紧张程度、压力之大，已经超过了普通的上班族。这就是"不要输在起跑线上"的一种表现，甚至有些地方在幼儿园就已经很可怕了。

我们通常会认为到了幼儿园才会有竞争，至少可能到小学竞争才会变得比较严重，但实际上很多父母没有注意到的是：你们平常的很多做法，真的是会让你们的孩子输在生命最初的起跑线上。

孩子一出生，很多父母就开始这样做了。我们知道一岁前的小婴儿一天的工作就是吃、喝、拉、撒、睡、玩，这就存在一个问题：孩子是按照他的自发性去吃、喝、拉、撒、睡、玩，还是按照父母的，特别是妈妈的来？

看到这里，我会觉得很悲伤：很少有孩子在婴儿时，自发性就得到了认可、支持，一般都是自发性被破坏了。我们先讲一个最常见的现象，我们都知道弗洛伊德说一岁前的孩子处在口欲期，此时，孩子的嘴特别敏感。他们不仅对吃特别在乎，还用嘴来感受这个世界。并且，对婴儿来讲，吃是一件非常重要的事情。

这是因为婴儿的身体发育得很快，而且他会有这样一种感觉，他是虚弱的、无助的。他如果不吃东西可能会死掉，所以吃，无论是从生理上还是从心理上来讲，都是一件生死攸关的事情。

但是，你可能会看见一种现象：孩子的父母和孩子的爷爷奶奶、外公外婆，甚至保姆，都会拼命地喂孩子，逼孩子按照自己的意志吃东西。当我们这样做的时候，其实就是说，在吃这件口欲期最重要的事情上逼迫孩子按照别人的想法来。这也就意味着，孩子的自发性受到了严重破坏。

我们家保姆说在她曾经工作过的一家人家，看见了一个让她非常受不了的现象。这家的孩子已经好几岁了，孩子在吃饭的时候，会吃一口吐一口，这种画面让我觉得非常恶心。

为什么会这么做？因为孩子的妈妈、姥姥控制欲望都非常强，她们不能接受自己盛了饭，孩子竟然不吃。但是，这个孩子进行了非常激烈的反抗。结果，她们最后就达成一种妥协："好吧，我给你盛了饭，我辛辛苦苦做了菜，你一定要吃。哪怕你吃了，再把它吐了，这也可以。"

所以就出现了这种现象，吃一口吐一口。

这样的故事我刚听到的时候，觉得这简直是天方夜谭，这太荒诞了。但是，后来发现这种故事实在是太多了，在我身边也非常之多。

比如，在我身边的朋友、我的员工、我的来访者中，我都听到过这样的事情。很多人会在吃饭的时候，总是留一口。

为什么吃饭总是会留一口?

与他们谈着谈着,我就发现在他们小的时候——通常都已经进入幼儿或者少年时期了,他们的妈妈或者姥姥、奶奶就非常有控制欲。大人给孩子盛两碗、三碗饭,孩子就得吃完,而且孩子激烈的反抗都无效,最后怎么办?

孩子不得不屈从,这是大人的意志,但是最后一定要在碗里留一口饭。这一口多一点儿、少一点儿都不重要,反正总之我不吃光。

其实,这一点就象征着在吃饭这件事情上,不能都是父母或者养育者考官说了算,孩子要通过留一口来展示自己也可以说了算。但是,你可以想象这是一件很心酸的事情。

除了吃饭,这种情况还会延伸到其他地方,比方排泄,也是一样的逻辑。

在欧美的文化中,父母会鼓励孩子自律、自制。什么叫"自律自制"呢?比如用纸尿裤这件事情,父母会让孩子按照自己的节律去处理,最终让孩子形成自己制约自己、自己制定自己的规律和习惯。而我们的文化中,大多是他律、他制,父母或其他养育者就决定了孩子的作息。比如,6点了,你该去大小便了。父母一定要把屎、把尿,这种定点的把屎、把尿就是他律、他制。

是自律、自制还是他律、他制,这是根本性的区别。

在自律、自制的状态时,孩子的自发性得到了鼓励,孩子在生命最初就知道可以按照自己的感觉来,这基本上是被允许的、被许可的。就算要制约,要形成规律,孩子也是自己来。但是,在他律、他制的状态时，孩子就会感觉到他的自发性是被破坏的，甚至是被严重破坏的。在这种状态下，他的自发选择都是错的，他要听别人的。

我们来做一下延伸，在孩子最初的吃、喝、拉、撒、睡、玩，包括以后的学习、工作、恋爱这些事情上，他到底是按照他的感觉——他的自发性来，还是按照别人的感觉来？

这是一个很重要的问题，甚至是生死攸关的问题。

如果孩子形成一种基本感觉——他都不能按照他的想法来，我们就可以说他已经输在了起跑线上。我们甚至可以说，他已经躺在了起跑线上：有的孩子已经奄奄一息，没有活力了。

温尼科特有这么一个说法，孩子的任何一种生理需要都不需要训练。如果训练的话，那对孩子是一种折磨。其实，所谓的"折磨"，就是父母或者其他养育者要通过自己的意志把孩子的自发性扼杀掉。

接下来，再讲一个让我印象深刻的故事。讲的不仅是一个深刻的故事，我感觉我对家庭问题的观察也进入了最后一个阶段。

我的一位来访者是一位妈妈，她知道自己有问题，比如她跟孩子互动总是不够好，跟孩子讲东西不够生动，所以她就请了自己的妈妈（有时请婆婆）过来带孩子。她发现一个现象：如果奶奶带孩子的话，那么孩子会外向一些，而且生病的次数也少；如果是姥姥带的话，这孩子就会变得内向一些，而且身体总会有问题，比如会便秘。

为什么会这样呢？这位来访者在观察的时候，就发现了一些魔鬼般的细节。

在喂饭这件事情上，无论是姥姥还是奶奶，都是控制型的，她们都要求孩子按照她们的需求去吃饭。

　　但是在这件事情上，奶奶是比较有办法的。如果孙子没有按照奶奶的去做，奶奶就会用很多种方法来逗孩子，总之让孩子很开心。最终，在打打闹闹中，孩子就把饭吃完了。

　　而姥姥不太懂幽默，她好像也总是不快乐，她一般用比较粗暴的方式来逼迫孩子吃饭。如果孩子没按照她的去做，她明显就会变得有些粗暴，而且很生气。

　　这时候，来访者会有些不安，她担心如果只有姥姥和孩子在一起的话，姥姥可能会打孩子。因为她小时候和妈妈单独在一起的时候，一旦她没按照妈妈的去做，妈妈就会变得有些生气，有时还会把她打一顿。

　　家里一般总有其他人，姥姥并没有打孩子，但是她对待孩子的态度，让孩子感觉到了巨大的压力。

　　另外一个例子，孩子已经两三岁了，他很多时候想尝试自己来，比如自己穿衣服。这时候，奶奶虽然不怎么鼓励和支持小孩子自己来，但是她有时候会满足孩子的要求。就算不满足，她的方法也是相对来讲比较幽默、有趣的。

　　但是，姥姥遇到这种情况就会非常生气。她把孩子的衣服夺过去，三下五除二就给孩子穿上了。这时候，孩子通常都有一种被惊吓到的感觉。

　　这位来访者讲到，因为她一直都在学习心理学，所以她会控制自己。但是，她的先生也是用逼迫的方法对待孩子的。而且，来访者发现不仅大人和孩子之间，即使是大人之间，好像也只存在着这样一对关系——逼迫和顺从。

我逼迫你，我希望你顺从我，其实就是我在你面前想展示全能自恋性的本我，然后对你就形成了绝对禁止性的部分。逼迫和顺从的矛盾贯穿在所有的关系里。

正好在同一时期，我有两位做幼师的来访者，他们讲到在幼儿园里存在着同样的逻辑。

现在的媒体报道很"发达"，家长的意识也不再是"不打不成才"，都有所改变。媒体一旦报道幼儿园恶性事件，对幼儿园的影响就会很大，所以现在幼儿园都会要求不允许明显地暴力对待孩子，明显打骂孩子的情况会很少。

但是，幼师、园长和保育师好像对待孩子，也只有逼迫和顺从这样一种逻辑。

比如在幼儿园里，午睡时非得逼孩子午睡。如果有些孩子不想睡觉怎么办？那可不可以让孩子躺着？只是躺着，孩子相对来讲会自由一些。

在这两个幼儿园里，都有这样变态的部分：这些班主任和保育师，他们不仅要求孩子是躺着的，孩子的头还不能偏。你看，他们连睡觉的方式都已经帮孩子决定好了。

像上厕所这件事情，一样存在着把屎、把尿的逻辑。课间，有的老师一定会带着孩子去上厕所，不管孩子想不想上。而且，大家排队去上厕所，有些老师甚至还要挨个去检查。

当两个幼师来访者，还有前面说的那个来访者讲这些的时候，我就在想，我们的家庭关系普遍也是逼迫和顺从的关系。

幼师都是这样的吗？或者说，基本是这样吗？我就问题放在微博上发起了讨论，有一些做幼师的（还有以前做过幼师的）人发表了他们的意见。

他们说在幼师教育中，无论是专家还是教材教的各种各样的方式，其实都是逼迫孩子按照老师的来，没有看见过爱和自由这样的方式。

一般爱和自由就限于蒙台梭利幼儿园，就只是限于华德福幼儿园。当时看到讨论的内容后，我感觉到很深的悲哀：在我们生命最初，刚刚在所谓的"起跑线"上的时候，你接收到的信息都是你不能够按照你的来，得按照别人的来，这就是一种彻头彻尾的输在起跑线上。

有很多人会说生命的意义在于选择，其实这都是同样的含义。在选择的时候，我是按照我的自发性、我的感觉来做选择，还是要按照你的感觉、你的判断来做选择？

实际上，只有前者才称得上"我做的选择"。如果是后面一种，其实那不叫"我做的选择"，你是在别人的逼迫之下，顺从了别人的意志，去做了别人想让你做的选择。

如果再回到考官的领域上，我们就可以说好的考官是尊重、鼓励考生做自己的选择，而坏的考官否定并破坏孩子的选择。

愿孩子的本能排山倒海般涌出

最后再讲一个概念：内聚性自我。这是在我最近的文章中，也包括我的专栏中经常讲的部分。甚至我在"得到"上写了整整一年，写了近百万字，我逐渐明白，我的"得到"专栏的核心部分好像就是在讲内聚性自我。

美国心理学家科胡特是这样说的，内聚性自我是个人成长中的一个里程碑。当你形成内聚性自我之后，就会经受情绪惊涛骇浪的袭击。在情绪的惊涛骇浪之中，你感觉自己能够稳稳地站在那儿，那就意味着你形成了内聚性自我。

那么，什么叫作"内聚性自我"？科胡特的解释：你的自我就好像有了一种向心力。

当你想象你的自我像地球一样，是一个圆球，你在旋转，有了向心力，有一种向内的凝聚力的时候，你就可以把各种各样的心理碎片、各种各样的心理素材聚合在一起了。这时候，你感觉你的自我是完整的。

内聚性自我的对立面就是破碎自我和头脑自我。破碎自我就不用说了，你感觉自己的自我是破碎的，好像缺乏一种向内的凝聚力，心理素材不小心就会分崩离析。

什么叫作"头脑自我"？你的自我有一个外壳，这个外壳是比较稳定的。这个外壳挡住了心灵碎片变得分崩离析。但是，这不是因为你有一种向内的凝聚力，只是被这个外壳挡住了，你感觉你的内在空空的。

我们知道很多人都有面子心理。在《一代宗师》这部电影中，赵本山讲过面子和里子的隐喻，实际上里子是内聚性自我，面子就是头脑自我。如果你只有一个头脑自我，你的心灵其实仍然不能很好地聚合在一起。而且，头脑自我是一堵墙或者是一种玻璃、一层撕不掉的塑料，它把你和外部世界切割开了。但是，即使有一个很好的内聚性自我，你也仍然需要有一个外壳。这个外壳就像一个人的皮肤，它是可以很好地跟外界互动的。同时，如果你有很好的向内的凝聚力，就不用担心你的心理素材会分崩离析。这时候，你会变得灵活，变得轻松很多。

很多人之所以活得很使劲儿，就是想用力地把自己的自我黏在一起。内聚性自我只能建立在这样一种感觉之上：我基本上是好的。这个好其实讲的就是好和坏这样一种对立中的好。

我基本上是好的，这种感觉是怎么来的？只能建立在我按照我的自发性来做选择上。当我按照我的自发性做选择的时候，外界最初有一个考官对我说"这是可以的，这样很好"。这样一来，某一次的自发性就得到了认可，这是好的。

当然，父母不可能做到在你所有的事情上都给你认可，但是父母多数的时候，至少30%的时候，都在认可你，那么其实你就会形成一种感觉：你的自发性是被认可的，是好的，你基本上是好的。

其实，这种事情是需要一次又一次累积而成，就像前面讲到的5000次夸奖。如果你作为家长，不断地否定孩子，不断地打击孩子，很少给孩子认可和支持，那么孩子就无法形成"我基本上是好的"这种感觉，那么所谓的"内聚性自我"也就根本形成不了。

这不只是我的观点，无数国内的同行都觉得我们好像很脆弱，似乎我们所谓的"面子"是不能被破掉的。

这时候，我们就可以理解，假如你的内在是乱七八糟的，只有一个表面完整的外壳，那么你这个外壳一旦破了，你的内在就会分崩离析。

所以，我们要维护自己的面子，因为里子是乱的。但是，你作为成年人，之所以停留在面子心理上，是因为你的里子很少获得这种感觉——"我基本上是好的"。

所以，我们要反思：孩子是赢在了起跑线上，还是输在了起跑线上？你自己还是一个孩子的时候，是赢在了起跑线上，还是输到了起跑线上？

我们很容易把赢在起跑线上和输在起跑线上理解为是一种物质性的，比方穷养和富养这样的概念。

但是，其实我作为在农村里最贫穷的家庭长大的孩子，我会说它并不仅仅取决于此。确实在照料上、物质上有严重匮乏的部分，但是即便家里很贫困，而且我的父母都有严重的抑郁症，我也在相当程度上赢在了起跑线上。当然，很多朋友可能会发现：你也许输在了起跑线上，也许你的孩子输在了起跑线上。

当你可以开始鼓励、认可、支持你自己，鼓励、认可、支持你的孩子，让你们生发出你们的自发性时，你们在这一刻就是所谓的"赢在当下"了。